大工道具のきほん

使い方からメンテナンスまで

木工手道具の
知識と技術が身につく

「大工道具のきほん」編集室 著

公益財団法人
竹中大工道具館 協力

Mates-Publishing

はじめに

テーブルや椅子、収納棚などを自作するＤＩＹ（ドゥ・イット・ユアセルフ）は、大人のための素晴らしい趣味といっていい。暮らしを豊かにしてくれるだけでなく、創作活動として知的な刺激をもたらしてくれる。

ホームセンターをのぞけば多種多様な木工道具が並び、加工する木材類もここで安価に入手できる。講習会を開き、道具の使い方を教えてくれるホームセンターが増え、気軽にＤＩＹを楽しめる環境が整ってきた。

そんなことからＤＩＹを始めたいと考える人も多いはずで、この本を手にしたあなたもそんな一人だろう。

本書はＤＩＹビギナー向けのガイドではあるが、大量生産された量販品ではなく、職人さんたちが丹精込めて一つずつ製作した、「手打ち」の大工手道具を使ってみようという提案をしている。名づけて「スローＤＩＹ」である。

鉋（かんな）、鋸（のこぎり）、玄能（げんのう）、鑿（のみ）……。たしかに量販品に比べて手打ち品は値段が張る。手間暇かけて手づくりするのだから当然だ。だが、一生モノの道具だと考えれば、決して高い買い物ではない。

我が国の手打ち道具は海外から世界一との評価を受け、国外では日本の何倍もの値段で取引されている。モノづくり大国ＪＡＰＡＮの面目躍如だが、そんな事実を日本人の多くが知らないのは残念だ。

さらに、手打ち道具には独特の風情が宿り、総じて美的に優れている。使い手の厳しい要求に長年応えてきたゆえの機能美といっていい。最近では手打ち道具を工芸品として収集する人も増えてきた。

この分野からは千代鶴是秀（ちよづるこれひで）ほか、何人もの名工が生まれた。大工手道具には連綿（れんめん）と伝えられてきた確たる文化があり、手にすれば製作者一人ひとりの熱い思いも伝わってくる。モノに対するこだわりを持つ人なら、いかにそれが貴重かをご理解いただけるだろう。

量販品とは異なり、自分仕様に育てていく楽しみもある。手打ち道具の世界は想像以上に奥行きが深いのだ。

とはいえ、手打ち道具には扱いにくく頑固な一面もあり、ビギナーには敷居が高く感じられるかもしれない。本書にはそんなハードルを下げるためのノウハウを満載した。実は手打ち道具でＤＩＹをスタートさせたほうが、スキルが確実に身について上達も早いのである。

初心者だからこそ手打ち道具を――。ぜひ日本のモノづくりの粋である手打ち道具を手にし、つくり手と対話しながらＤＩＹを楽しんでほしい。

目次

第4章 掘る道具——鑿(のみ)

第5章 木工を支える道具

※鉋、鋸、玄能、鑿、その他の道具各章の道具撮影では、株式会社 工匠常陸にご協力いただきました。また、技術アドバイス、操作モデル出演を同社の中島雅生社長・棟梁、同社スタッフの笹原治人さんにお願いしました。

凡例

※大工手道具の名称は地域によって異なり、もっともポピュラーだと思える名称を採用しています。
※大工手道具の操作法や研ぎ方に関しては諸説あり、入門者にふさわしいと考える方法を本書では採用しています。

巻頭特集

鉋鍛冶として海外からも高い評価 現代の名工のエスプリに迫る

播州三木打ち刃物 鉋職人 常三郎 魚住 徹さん

伝統的な手打ち鉋はどのようにつくられるのか。それを知るために魚住徹さん率いる常三郎を訪れた。鉋の刃に命を吹き込もうと精魂を傾ける魚住さん。その姿から、鉋鍛冶としての矜持が伝わってきた。◎撮影／迫田真実

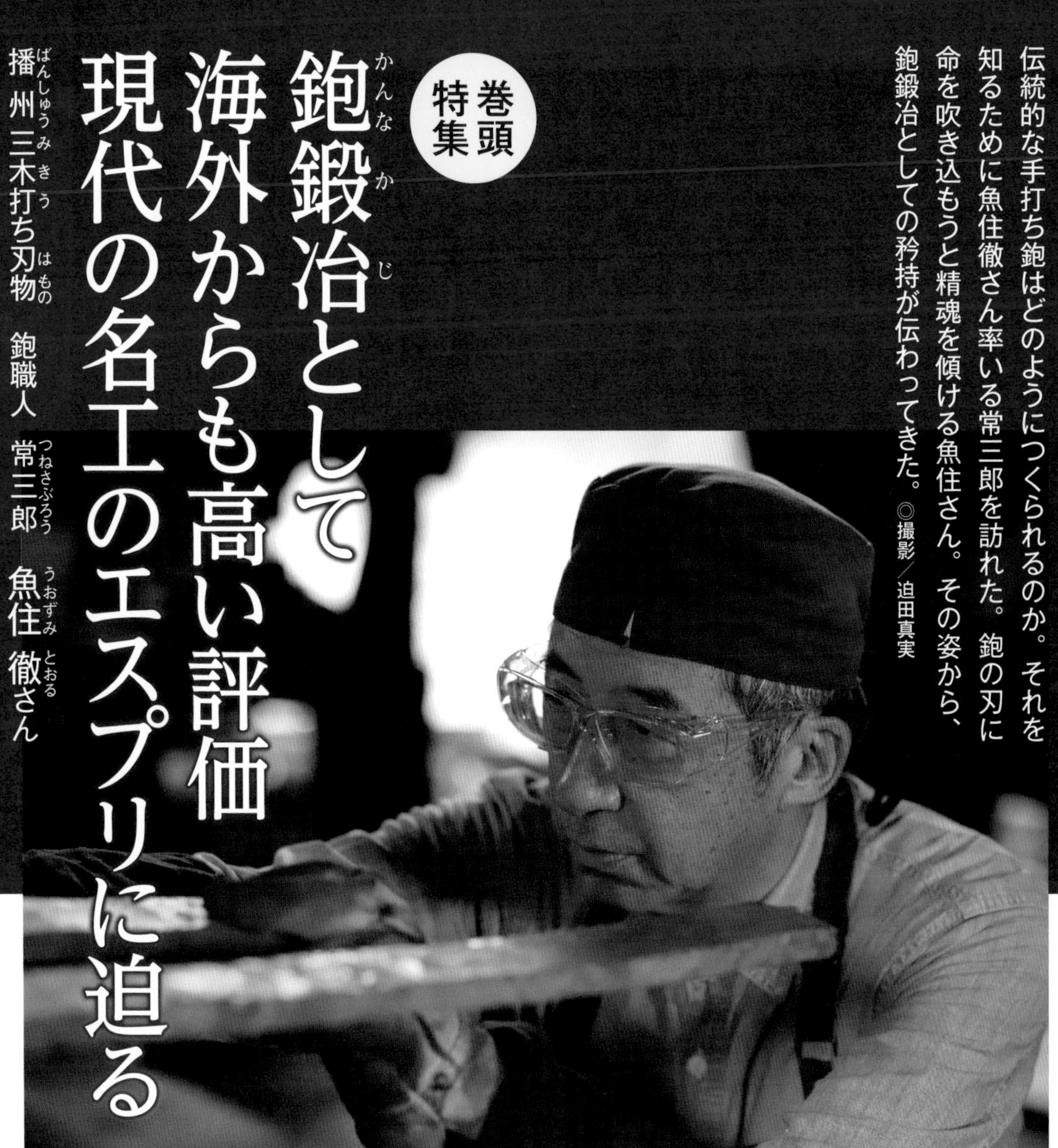

目視で素材の加熱度合いをチェックする魚住さん

響く打撃音と飛び散る火花 高い集中力が求められる

兵庫県三木市の郊外にある株式会社常三郎を訪ねると、ごうごうと燃え盛る火炉の前で、魚住徹さんが出迎えてくれた。

常三郎は高名な鉋のブランドで、魚住さんはその代表。鉋の刃＝鉋身を製作する鉋鍛冶として名工の誉れも高い。

取材した当日は、鍛接という作業が中心だった。火炉で鋼と地金を高温に熱し、大型のエアーハンマーで叩き、形を整えながら鋼と地金を一体化させていく。ハンマーが打ち下ろされると、打撃音とともに盛大に火花が飛び散り、迫力に気圧された。

魚住さんは炉の火加減に気を配る。高いと鋼の結晶が崩れ、低ければ鋼と地金が接合できない。温度は赤められた鋼の色で判断するしかなく、力量が問われるという。

約4時間で緊迫の作業は終了した。これ以上は気力、体力が保てないからだと語る。真剣勝負の連続だっただけに当然か。

もっとも、この日の工程は鉋身づくりの第一歩にすぎない。神経をすり減らし、気の抜けない仕事はまだまだ続く。

火炉の温度は1000度を超え、夏場では室温も40度以上になる。気力、体力に加えて、忍耐力も求められる

曽祖父から数えると四代目 脈々と継承された鍛冶の魂

株式会社常三郎は魚住徹さんの曽祖父、福三郎氏に源流がある。福三郎氏は刀鍛冶だった黒川卯太郎に師事し、日本刀づくりの技術を応用した鉋製造の技術を学んだ。

そんな古来製法に近代製法を融合させ、新時代の工法を確立したのが福三郎氏の後継、常三氏（徹さんの祖父）だった。常三氏は昭和22（1947）年、「常三郎かんな製作所」を設立する。

そして、常三氏の跡を継いだ父である昭男氏を経て、徹さんが三代目として社長に就任し、現在に至るというのが流れだ。

つまり魚住徹さんは、常三郎としては三代目だが、家業となった鉋鍛冶の系譜では四代目にあたるというわけだ。

常三郎が徹さんの代で鉋ブランドの地位を固められたのは、四代にわたる継承されてきた研鑽（けんさん）の積み重ねであり、代々継承されてきた職人魂の賜物（たまもの）ともいえるだろう。

とはいえ、徹さんは家業である鉋鍛冶になるつもりはなく、大学卒業後、神奈川県にある大手機械メーカーの営業職に就いた。

しかし、思うところあって29歳で退社。父昭男氏の仕事を手伝ううちに、鉋鍛冶の面白さに目覚めた。やはり血は争えないということだろう。本格的に修行を積み、やがて名工と賞賛されるようになった。

全工程通じて頭を悩ませる 鉋身に生じる歪みとの格闘

魚住さんに、鉋づくりの難しさを聞いた。

「全工程がデリケートな作業の連続で力を抜けませんが、最も厄介なのが歪みの問題。軟らかい地金と硬い鋼を二層構造にしているため、熱や力が加わるたびに微妙な歪みが生じます。それをいちいち直すのに、ものすごく労力を要するのです」

鉋身は一枚一枚性格が異なり、歪みの出方も千差万別。まるで生き物のようだという。何十年も鉋をつくり続けてきた魚住さんの言葉だけに、ずしりと重みがあった。

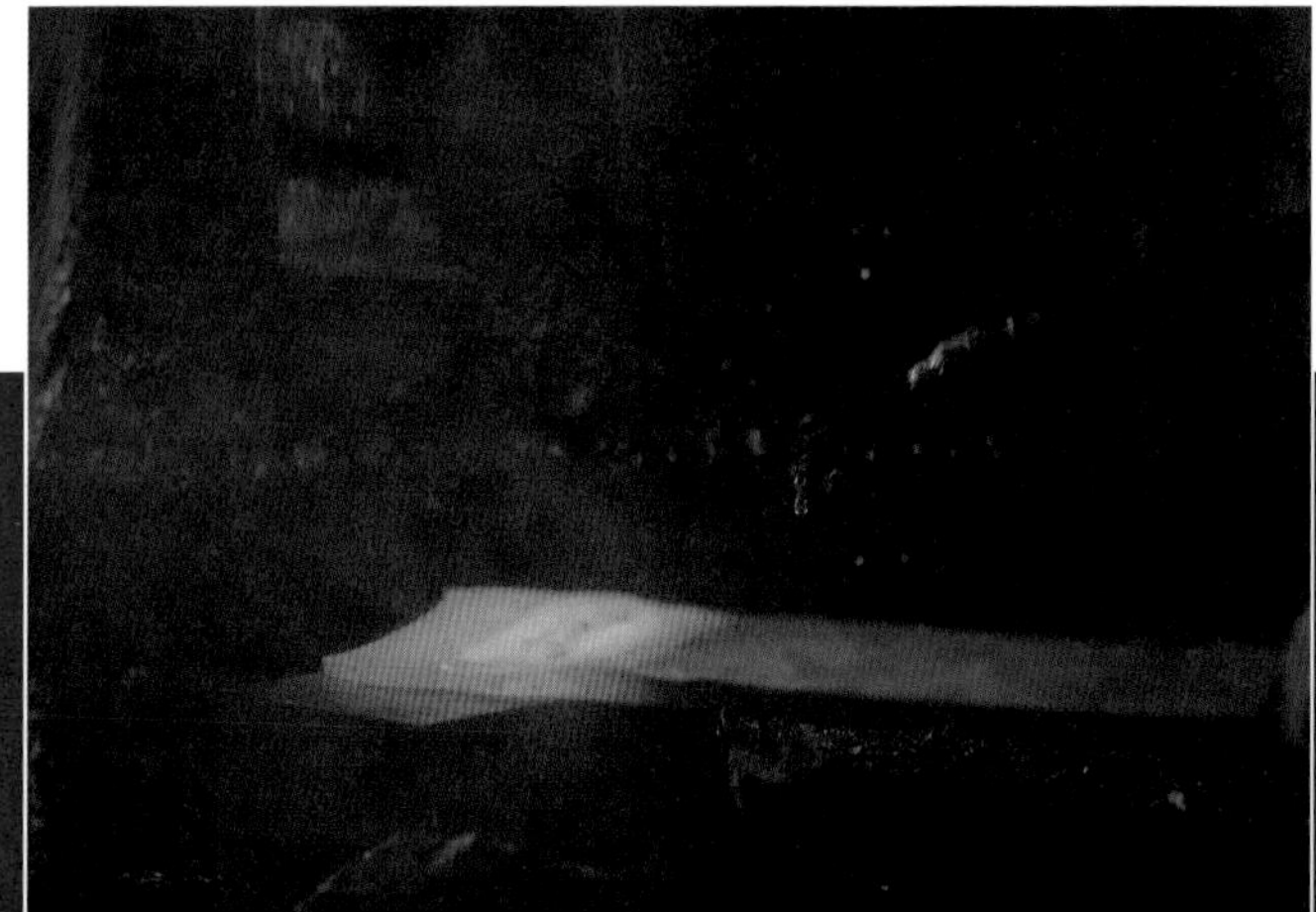

熱せられた鉄材の色により温度を判断するため、工房内を暗くしている

エアーハンマーで叩いて鍛え
明治期の鉄片を鉋身に育てていく

練達の技で魂を吹き込む ブランド鉋ができるまで

鋼をそのまま刃にする海外とは違い、日本の手打ち鉋は複雑なプロセスをたどる。さながらモノづくり大国の原点を見る思いだ。鉋の刃ができるまでには約30日かかり、そこから研ぎに出し、鉋台に納まって製品化されるまでにはさらに10日を要する。

1

[地金（じがね）づくり]

削り刃となる鋼に貼り合わせ、鋼部を支える役目を担うのが地金。地金には明治中頃まで英国で生産されていた、極めて軟らかい錬鉄が最適だ。まずは地金の原材料となる、船舶の錨や鉄橋の解体部材をコークス炉で1300度に熱し、エアーハンマーで叩いて長い板状に伸ばす。地金のバーができたら、いったん自然冷却させ、この工程を終了する。

地金の材料となる、イギリス産の船の錨や鉄橋の廃棄材類

今や貴重品となった錬鉄をこのコークス炉で1300度に加熱

2

[水打ち]

長い板状にした地金を火炉で再び加熱する。その後、エアーハンマーで形を整え、さらに地金に水をかけて爆発を起こさせ、表面に生じた酸化鉄の被膜を吹き飛ばす。被膜が残っていると、鋼と地金がうまく接合できないからだ。その際、破裂音とともに酸化鉄の小さな破片が周囲に飛び散る。目を覆うゴーグルと、夏でも長袖の作業着が欠かせない。

熱した地金のバーに水をかけ水蒸気爆発を起こさせる

3

[鍛接（たんせつ）]

いよいよ前半戦の山場、地金と鋼を貼りつける鍛接だ。地金のバーに鋼材を載せ、火炉で1100度くらいに熱する。その後、地金と鋼の間に鍛接材をつけ、手打ちのハンマーで叩いて接合していく。さらにエアーハンマーで叩き、地金と鋼の接合をより強固にする。鍛接がうまくいかないと鉋身に割れが生じる。細心の注意が求められる作業だ。

オレンジ色に染まる地金のバーにカットした鋼材を載せる

地金と鋼を火炉で加熱。目的の温度に達したら、炉から出す

地金と鋼の間に酸化被膜ができないよう、鍛接剤を塗っていく

4

[型抜き]

鍛接に続き、エアーハンマーで鉋身となる部分の形を整えていく。鉋の刃は刃先に向かって厚みが薄くなるようにテーパーがつけられているが、その形成もこの段階で行ってしまう。形ができてきたら、型抜き機を用い、余熱が冷めないうちに地金バーから鉋身の部分だけをカットしていく。頭部にアールがついた、鉋身が次々に誕生してくる。

鋼が貼り合わされたバーから切断機で鉋身部分をカットする

切断機により切り出された鉋身。余熱によって赤く染まる

5

[焼鈍（しょうどん）]

鍛接のために高温で焼かれた鋼は、結晶構造に乱れが生じている。このままでは鋼でつくられる刃先は脆くて欠けやすく、摩耗性にも劣り、鉋刃としてはまったく使い物にならない。これを打開するため、ガス炉で780度ほどに加熱。さらに時間をかけて冷却することで、荒れた結晶構造を整え、鋼の性質を改善する。切れ味にかかわる重要な工程だ。

焼鈍に用いられるガス炉。加熱、冷却も自動設定で行える

6

[整形と裏づくり]

この工程では鉋身全体の整形や、刃裏に設けられる窪み=裏スキの作成、刃先の削り出しが行われる。前工程の焼鈍で焼きなましが入った状態なので、本来硬い鋼も硬度が下がり、比較的加工がしやすい。また、鉋身の側面や頭部にはグラインダーをかけ、プロポーションを整えていく。商品名などを刻む銘も、この段階で刻印打ちがなされる。

焼鈍までの工程を経た鉋身。この段階ではまだ刃先はなく、裏スキもない状態だ

グラインダーで刃裏面に窪みを設け、裏スキをつくる

刃先をつくるため、グラインダーで削り出しを行う。ミスが許されない緊張の連続

7

[歪み取り]

整形によって生じた歪みを、槌で叩くなどして直していく。まったく性格が異なる鋼と地金を物理的に貼り合わせたため、歪みの発生は避けて通れない宿命みたいなもの。歪みは一枚一枚の鉋身で微妙に異なり、修正には高い集中力と辛抱強さが要求される。なお、歪みは全工程で発生するので、絶えず気を配り、その都度対応していくことになる。

鉋身を光にかざし、歪みをチェックする野々村俊一工場長

8

[焼き入れ]

焼鈍で焼きなまされた鋼の硬度を再び高めるために、焼き入れを行う。炉で鉋身を800度前後に熱し、その後、一気に水槽に入れて急冷する。地金は焼き入れしても硬くならない性質の錬鉄のため、鋼部分だけに焼き入れがなされる。地金に錬鉄を用いる最大の理由だ。ちなみに均一に急冷させるため、焼き入れ前に鉋身全体に砥の粉を塗っておく。

9

[焼きもどし]

焼き入れされたままだと刃先が脆くなり、刃こぼれを起こしやすくなる。そこで150度に温めた油槽に20分ほど浸け、低温焼きもどしを行う。これはまた鋼の結晶構造の安定化にもつながり、粘り強い削り味を約束する、隠し味のような技術といえる。焼きもどし温度は工房によって微妙に違いがあり、それぞれの秘伝とされている。

焼きもどしをする油槽。焼きもどしにより鋼の粘り強さは増す

10

[歪み直し・裏磨き]

焼き入れ、焼きもどしにより生じた歪みを直す。目視だけでなく、スケールを当てて修正具合を正確に確認。その後、布ヤスリを巻いた回転研磨機で、鉋身の裏を磨くバフがけをする。これにより酸化鉄で黒くなった鋼側の裏面が銀色に輝くのだが、単純に見えて難しい作業の部類に入る。なお、バフがけをしないで商品化する工房も一部にはある。

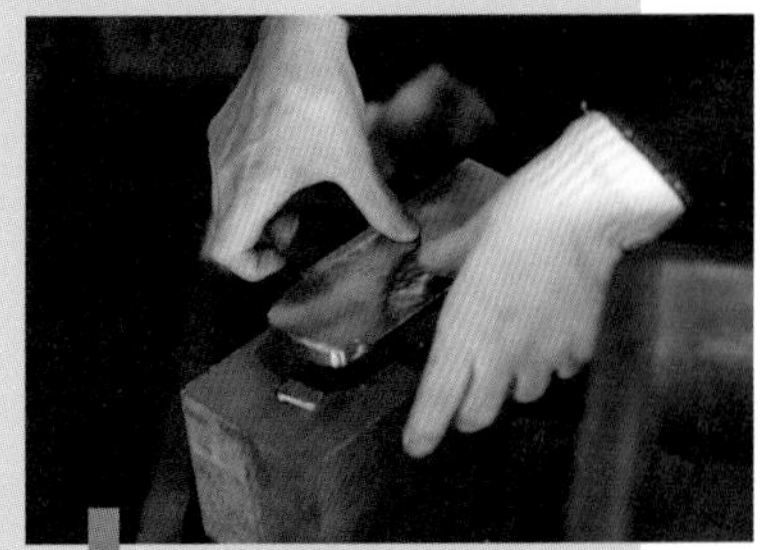

バフがけにより刃裏が銀色に輝き、作業も最終段階に入る

再度歪みがないか、細部にわたって厳重に確認していく

11

[裏仕上げ・研磨]

いよいよ最終工程の裏仕上げの研磨だ。常三郎では「九分仕上げ」といって、刃がほぼ研ぎあがった状態で出荷している。購入者がゼロから研ぎ出さなくてもいい配慮である。裏仕上げの研磨は全工程のフィニッシュだけに、ここでのミスは致命的。いきおい作業は真剣勝負となる。常三郎では、研磨のパートを専門の研ぎ屋さんに依頼することもあるという。

裏仕上げに没頭する坂本光さん。最終工程だけに慎重に作業する

裏仕上げが終了し、研磨に出す鉋刃。鉋身ができあがっていく

12

[台入れ]

完成した鉋身は鉋台をつくる台打ち師さん（16ページ参照）のもとに届けられ、台に調整を加えた後に鉋台にセットされていく。この仕込み工程が終了すれば、製品として市場に投入できるのだ。常三郎では鉋台の材質に硬い白樫を発注。また鉋身同様、購入後にすぐに使い出せる「九分仕上げ」での作成を依頼し、鉋台に手を加えてもらっている。

時代のニーズに即した製品開発 伝統に安住しない革新性を発揮

鉋（かんな）産業は売上が大幅に減少し、冬の時代を迎えている。それにともない後継者不足も深刻だ。そんな逆境下にあって、気を吐くのが魚住徹さんの常三郎である。行動力を支えるのは、日本の鉋は素晴らしいという自負だった。

早くから海外進出を目指し市場開拓に取り組んできた

昭和44（1969）年には37軒あった三木市の鉋鍛冶も、現在では4軒に減ってしまった。木造住宅の建築において普及した、工場で部材を加工して現場で組み立てるプレカット工法の影響による。鉋をまったく使わない大工さんも増えてきた。

鉋製作は斜陽産業と見なされている。だが、そんなことはないと魚住さんはいう。

「たしかに国内市場は縮小していますが、海外に目を転じれば、需要は伸びています。ウチでは売上の約3割超が輸出です」

ミクロン単位で削れる鉋は日本でしかつくっていない。外国に持っていけば必ず売れるとの自信があり、早くから海外の展示会に参加してきた。それが奏功した結果で、鉋産業の進むべき方向に先鞭をつけた。

それまで苦手としてきた集成材の加工を可能にする鉋の開発や、洋鉋の刃を投入するなど、新機軸も次々打ち出している。伝統の枠に縛ら

常三郎 代表取締役
魚住（うおずみ） 徹（とおる）さん

昭和34（1959）年、鉋鍛冶・常三郎を経営する魚住家に生まれた。大学卒業後、神奈川県の大手機械メーカーに就職し、サラリーマン人生を経験する。その後、実家にもどって家業を継ぎ、35歳で常三郎の社長に就く。

荒々しさを残す、仕上げ作業前の鉋身。製品になるまでにはまだまだ時間がかかる

グラインダーで刃の裏を削る。少しでも削りすぎたら製品としてはオシャカ

職人のひたむきさが伝わってくる、長年使い込んで手足のようになった道具

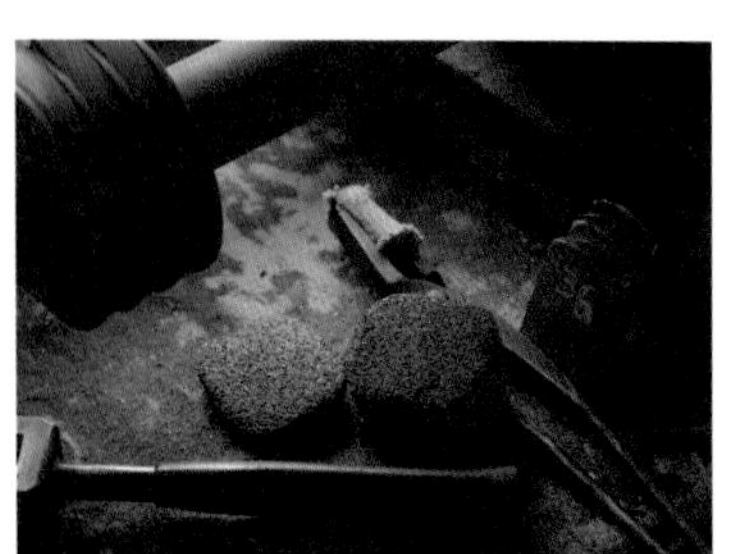

定期的に掃除していても鉄粉が積もっていく。その量の多さは鉋鍛冶の勲章

れない柔軟さは、保守的なこの業界にあっては稀だ。若いときに大手機械メーカーで働き、外の世界を知っていることが強みになっている。

業界に先駆け、直接販売にも乗り出した。それまでは商社的な役目をする問屋が主導権を握り、生産台数まで決めてきた。直販制をとることで、製造元である鍛冶が自主性を発揮できるようになったわけである。ある種、革命といえるのではないか。

ちなみに、常三郎では工場見学を随時受けつけている。外部に関心を広めようとの趣旨で始めたもので、貴重な試みである。

また、三木市では毎年5月に「鍛冶でっせ！」という祭りを開催しているが、このイベントの推進役も魚住さんが担っている。

かつての職人肌の鍛冶とは異なる行動力だが、それを支えているのは胸を張れる製品をつくっているという自負であり、鉋産業を衰退させてはならないという決意だ。

では、どのように使ってほしいのか。取材の最後にそれを聞いた。

「日本の鉋は世界一です。研ぎを極めれば、鉋が使い手のあらゆる要望に応えてくれる。その万能性を存分に堪能してください」

手打ち鉋の素晴らしさを再認識する取材だった。

ほて常（つね）

※価格はいずれも2023年5月時点

鉋身に日立金属が製造する青紙1号を採用。高い焼き入れ技術の精度から、優れた切削能力を発揮する。耐摩耗性とともに研ぎやすさも抜群。プロからも高評価の逸品だ。直販価格／4万1800円(税込み)

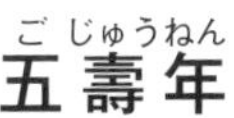

五壽年（ごじゅうねん）

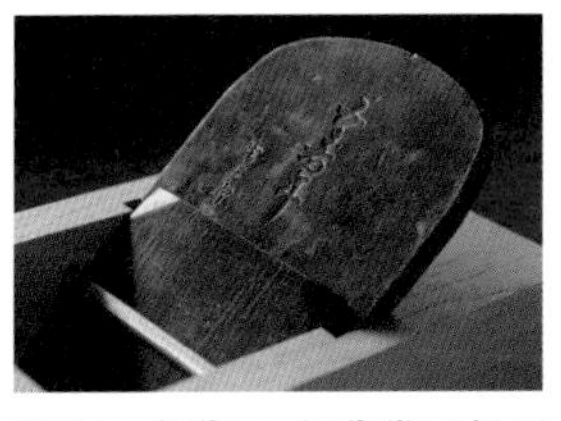

昭和20年代に、初代常三郎が製作したモデルを復刻した。独自の鍛造技術により、鋼から不純物を取り除くことに成功。粘りが増し、素晴らしい切れ味が持続する。直販価格／5万9800円(税込み)

迷悟両忘（めいごりょうもう）

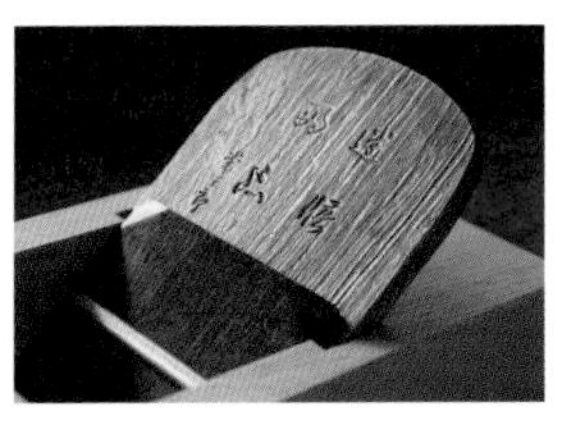

日立金属が特殊鋼の最高峰として開発した、青紙スーパーを用いた。耐久性、耐摩耗性の高さは折り紙つきで、シャープな切れ味を楽しめる。堅木、柔木問わずの万能鉋。直販価格／7万3000円(税込み)

常三郎では次代を担う後継者も育つ。右は工場長の野々村俊一さんで、鉋づくりに情熱を燃やす。左は坂本光さんで、研ぎや金属加工のスペシャリストだ。

株式会社 常三郎
兵庫県三木市福井字八幡谷2151
☎0794-82-5257
https://www.tsune36.co.jp

鉋（かんな）台を手がけて早半世紀 今日も工房に槌音（つちおと）が響く

仕立てる鉋台は狂いが少ないと評判で、全国から注文が舞い込む。台打ち一筋50年。堀場さんに仕事の面白さ、やりがいについて聞いた。◎撮影／迫田真実

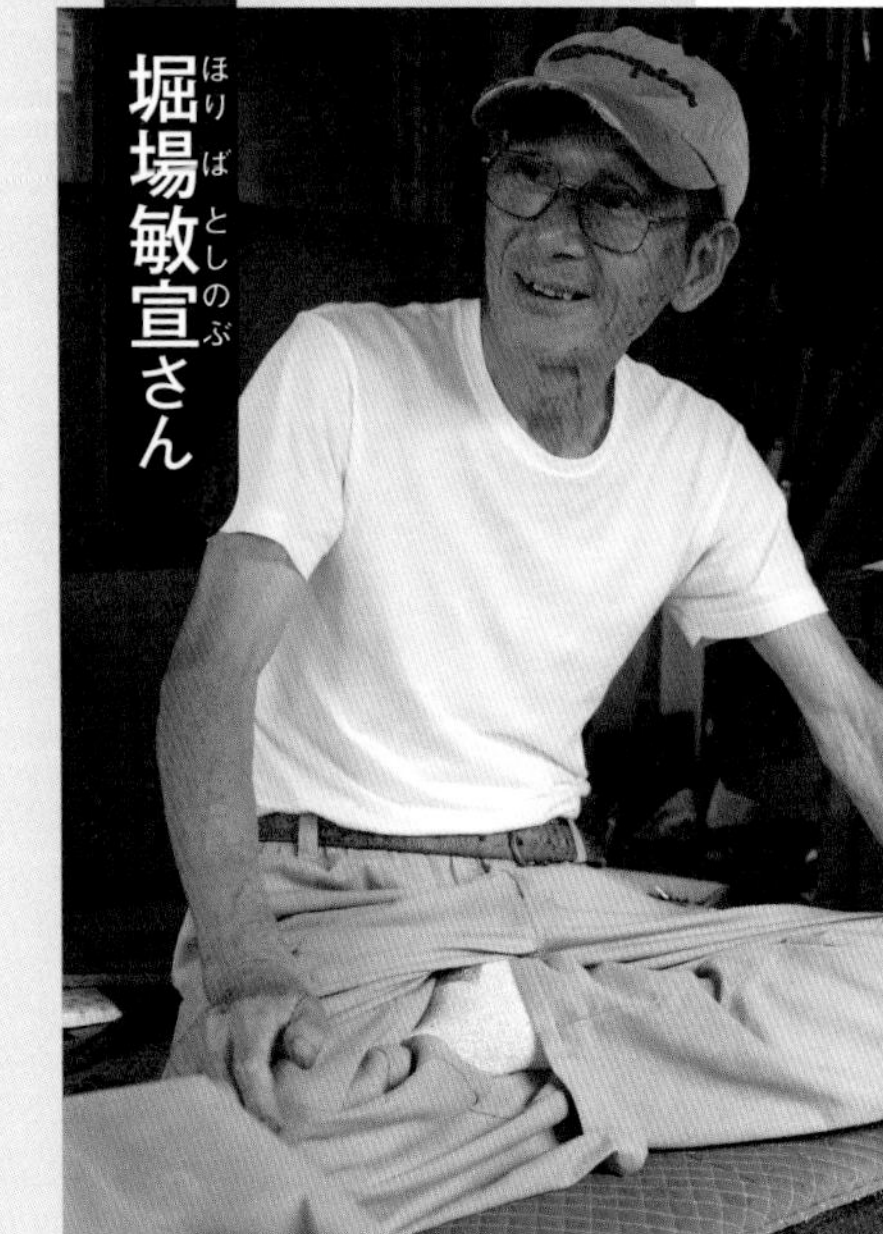

台打ち職人
堀場敏宣（ほりばとしのぶ）さん

使う人に喜んでもらいたい ただそれだけで鉋台を打つ

常三郎の魚住さんの紹介で、三木市内にある堀場敏宣さんの工房、オーク製作所を訪ねた。台打ち職人は台に鉋身を格納する穴を掘り、鉋身を装着するパートを担う。

鉋身の取りつけは、きつくても逆に緩すぎても駄目だと堀場さんはいう。

「いい塩梅（あんばい）に一発で決まったときには、仕事をしていても楽しいですよね」

とはいえ、鉋身は一枚一枚サイズが微妙に違い、鉋台もそれぞれ湿度によって不規則に変形する。そのすべてを読み切って仕立てなくてはならず、この仕事も奥は深い。

最近、収集家からの依頼が増えてきたそうだ。彼らは使い勝手より、木目や年輪といった鉋台の見た目を気にする。大工さん相手だった頃にはない注文の仕方で、時代も変わったものだと笑った。

なにより嬉しいのは、利用者から満足の声が届くこと。職人冥利に尽きるそうだ。古希もとっくに過ぎた堀場さんだが、この声を聞くために、台打ち作業に精を出す。

仕事に欠かせない鑿（のみ）は作業前に入念に研いである

鉋台には3年ほど倉庫で自然乾燥させた白樫を使っている

大きな木槌で軽く叩きながら鉋身を鉋台にセットしていく

長年使ってきた鉋台の微調整に用いる堀場さん愛用の工具

オーク製作所
兵庫県三木市大塚2-3-16
☎0794-83-5491

江戸後期に描かれた『職人尽絵詞』（しょくにんづくしえことば）より。使われる道具は、ほぼ現在のものと変わらない

モノづくり大国の原点

ニーズに応えて独自に進化 日本の大工手道具は世界一

中国から伝わった大工手道具に手を加え、日本人は飽くなき探求心で自分のモノにしていった。今では日本の手道具は海外から高い評価を受ける。その来歴を俯瞰（ふかん）し、文化的側面にもふれていこう。

◎撮影協力＝竹中大工道具館

機能面で海外品を凌駕する メイドinジャパンの手道具

今回、取材でお会いした方々が、口をそろえてこう語った。

「日本の大工手道具は世界一だ」

たとえば鉋（かんな）である。日本の鉋は研ぎやすさを考慮して、鋼と軟らかい地金を鍛接で貼りつけている。硬くて研ぎにくい鋼部分の面積を少なくする工夫だ。それに対して海外品のほとんどは、鋼だけでつくられていた。この構造の違いは大きいという。

巻頭特集でご登場いただいた、常三郎の魚住徹さんが解説してくれた。

「硬いオール鋼の刃を研ぎやすくするためにはどうするか。焼き入れを甘くして、硬度を下げるしかない。その結果、切削能力

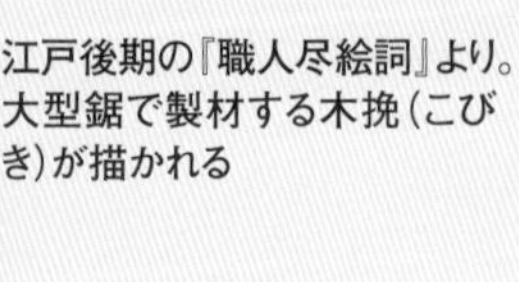
江戸後期の『職人尽絵詞』より。大型鋸で製材する木挽（こびき）が描かれる

は落ち、削るためにはパワーが求められます。日本の鉋のように、ミクロン単位で精緻に細工することはできません」

要するに、海外の鉋は荒削りのみに使われ、仕上げはもっぱら紙ヤスリに頼るのだそうだ。ところが日本の鉋は紙ヤスリ以上にきれいに仕上げられる。もはや別モノといっていいほどの差だと話した。

鑿（のみ）しかり、鋸（のこぎり）しかり。品質的には世界のトップだと魚住さんは結んだ。

ちなみに、このページで大工手道具として挙げているのは、ホームセンターなどで売られる量販品ではなく、職人さんが手づくりした手打ち道具を指している。

「シンプルさ」に凝縮された名も知れぬ職人たちの知恵

大工手道具界のご意見番、土田昇さんからは、大変示唆に富むお話をうかがった。

土田さんは千代鶴是秀（ちよづるこれひで）など、往年の名工たちの研究者で、それに関する著書も多い。テレビ東京系『開運！なんでも鑑定団』では、大工手道具の鑑定士を務めてもいて、ご存じの方も少なくないだろう。

また、東京世田谷区の三軒茶屋で、大工道具店も営んでいる。（92ページ参照）

土田さんいわく、

「日本の手道具は単純な構造をしています。海外の鉋を考えてみればいい。海外の鉋はクサビで刃を止めますが、日本の鉋は台に絶妙な力加減で固定させているだけ」

クサビ方式ならユーザー側の技量はさほど問われないが、日本のシステムは刃の出し入れなど一定の技術が要求される。素人がすぐに使いだせるようにはできていないと土田さんは続けた。

そうでありながら、なぜ鉋にクサビを採用してこなかったのか。

「単純化したほうが道具は壊れにくい面もありますが、クサビを退けてシンプルさを追求し、あえて使い手に技術の向上を求める方向に向かったということでしょう。そんな暗黙の了解があったかと思います」

その結果、技術さえあれば、一台の鉋でも調整しだいで厚くも薄くも削れ、さらに硬木、軟木関係なく使えるという多機能性を発揮できるということなのだ。

こんなことは海外の鉋には無理である。シンプルにした目的地はここで、最大の理由といっていいだろう。土田さんはいう。

「クサビを用いないのは玄能も同じですね。シンプルさは日本の大工手道具全般に通じる考え方です。シンプルに徹することで、道具が持つ可能性を高めた。背後には名もなき職人たちの英知がつまっています」

大工手道具の奥深さを実感させられた。そこには製作する側、使う側を問わず、職人としての矜持も垣間見える。大工手道具の面白さがご理解いただけただろうか。

竹中大工道具館に設置された千代鶴是秀のコーナー。是秀がつくった手道具はその性能面だけでなく、品格をたたえた造形美が賞賛された

竹中大工道具館には東京目黒にあった千代鶴是秀の鍛冶工房も再現されている。ここで「用の美」と絶賛された数々の名作が生み出された

よいモノを求める向上心が千代鶴是秀ら名工を生んだ

鑿、鋸、鉋の三大大工手道具のうち、鑿と鋸は古墳時代に中国から伝わってきた。ただ当時の鋸は小型で、もっぱら小物の細工用だったと考えられている。

建物の建築に用いる本格的な鋸は、15世紀頃に中国から入ってきた。今の鋸と異なり、二人で交互に押し合って挽く大鋸だ。台鉋の登場は16世紀頃で、これも中国からである。押しがけすることで木を削った。

やがて鋸と鉋は、手前に引っ張る現在の形式に変化していく。全身で押さないと作業できない硬木ばかりの海外に対し、杉や檜ほか、軟らかい針葉樹の良材に恵まれたことが要因だったとされる。なお、この手前に引くスタイルは日本だけだという。

江戸時代には手道具の機能分化が進んだ。典型は鑿で、多種多様な鑿が出現する。明治になり両刃鋸や、裏金を備えた二枚刃鉋が導入されるが、今に伝わる手道具の様式は、江戸後期にはほぼ完成していたそうだ。

明治から大正、昭和前期には、多数の名工と呼ばれる鍛冶が登場する。その代表格が千代鶴是秀だ。鑿、鉋ほか作域が広く、現在に至るも、完成度では是秀を超える鍛冶はいないという伝説の人物である。

土田さんは是秀についてこう語る。

「道具の値段は他の鍛冶の10倍しましたが、かける手間は30倍。だから儲からず、生涯貧乏でした。もし是秀の作品が見つかれば、相当の値段がつきます。現在においても職人の憧れであり、目標となり続けています」

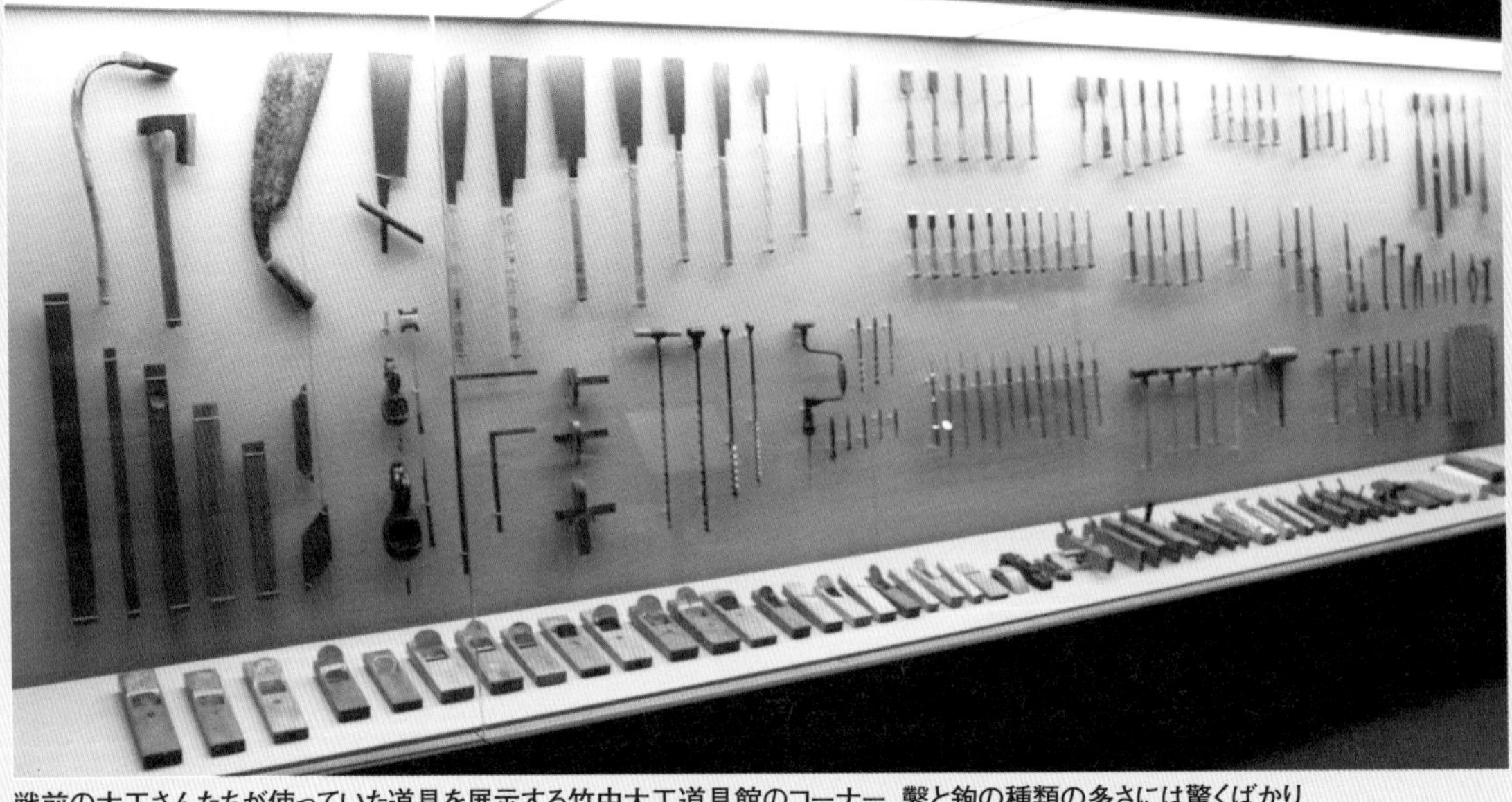
戦前の大工さんたちが使っていた道具を展示する竹中大工道具館のコーナー。鑿と鉋の種類の多さには驚くばかり

苦境に立つ手打ち道具業界 技術継承も危ぶまれる状況

こんなデータがある。戦前の昭和18（1943）年、東京の大田区の大工さんを対象に、所有する大工道具の種類、数に関する調査が実施された。

それによると、本格的な木造建物をつくるのに必要な手道具は179点だったという。とりわけ鑿と鉋の種類が多かったそうだ。（村松貞次郎監修「わが国大工の工作技術に関する研究」1984年より）

戦後になると電動工具が普及する。さらに工場で建材を加工し、現場では組み立てるだけのプレカット工法が徐々に浸透していった。大工さんが所持する手道具の数と種類は大幅に減っていく。

そんなことから、大工手道具の最盛期は戦前だったとされている。

今では鑿や鉋を使わない大工さんもめずらしくない。加えて鋸、鉋、鑿にそれぞれ替え刃式が登場し、工場での大量生産による、安価な商品も市場にあふれる。

余波をまともに食らったのが、職人さんが一つずつ製作する手打ち道具だった。

手打ち道具業界は現在、大きな曲がり角に立っている。売り上げ減少から職人さんの廃業や離職が増加し、技術の継承を危惧する声さえも上がる。

長い歴史のなかで営々と築いてきた手打ち道具の文化は、モノづくりの原点でもある。それが衰退することは、日本にとっても大きな損失ではないか。

とはいえ朗報もある。その一つが輸出の伸びだ。この動きを活性化するためには、工房に任せきりにするのではなく、行政がより積極的に支援すべきだ。

コレクターの増加も追い風になっている。彼らは手打ち道具を文化的な工芸品と認識して収集している。業界にとってはプラスのトレンドといっていいだろう。

この動きに連動して、ネットのオークションサイトも活況を呈してきた。

手打ち道具界は、昨今のDIYブームにも期待を寄せる。実際問題として、手打ち品と量販品との値段の差は驚くほどではない。もちろん高い物は高いが、意外にちょっとの背伸びで購入できるものが多いのだ。

DIYをスタートさせるなら、ぜひ手打ち道具から。決して後悔はしないだろう。

第1章 削る道具——鉋（かんな）

鉋は大工手道具の華だ。ミクロン単位レベルで削り出せるのが日本の鉋の特徴で、世界から高く評価されている。ただし、ユーザーにとって最も手のかかる道具ではある。きれいな削り屑が出せるようになれば、DIYも一人前だ。

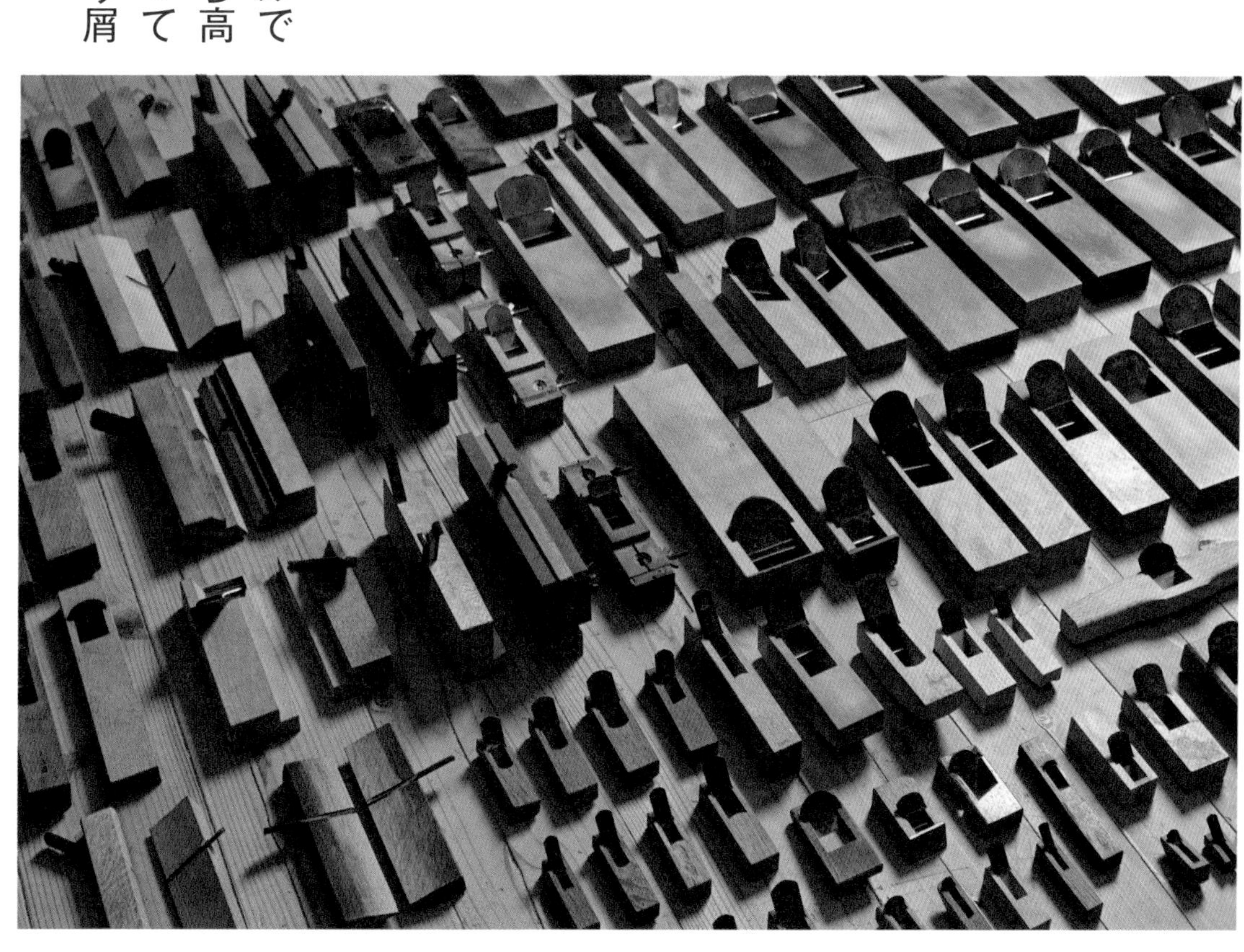

鉋学入門

極めて高い精度の切削が可能 世界が日本の手打ち鉋を評価

使う前に入念な準備が求められ、DIY初心者にとって最も操作が難しい手道具だ。だが、その性能は間違いなく世界一。まずは概論から始めよう。鉋の素晴らしさがより深く理解できるはず。

基本をマスターし、ミクロン単位の薄削りを目指そう

職人たちの向上心が原動力 独自技術で至高の頂に到達

全国から腕自慢が集い、薄削りを競う「削ろう会」では、厚さ2ミクロン（0・002ミリ）という驚異的な記録も飛び出している。毛髪1本の太さが約80ミクロンだから、その40分の1というわけだ。

木の表面を力任せにこそげ落とすといった感覚に近い海外の鉋には、とても真似できない芸当といっていい。

もっとも、硬い樹木ばかりを相手にしてきた外国の鉋には、そもそもそんな繊細な仕事は求められてこなかった。

また日本だけが鉋を手前に引くのも、軟らかい針葉樹資源に恵まれた結果だとされる。硬樹を削るためには力が込めやすい押すスタイルが適しているが、軟材ではさほどパワーはいらない。日本が加工精度を上げられる、引く方式を選べた理由だという。

とはいえ、ミクロン単位の薄削りを達成する技術は素晴らしい。海外で高評価され、輸出が伸びるのも納得である。

高性能の背後には、製作する鍛冶（かじ）職人と大工職人との切磋琢磨があった。

ことに海外に誇れる硬い鋼と軟らかい錬鉄を鍛接で一体化させる技術は、精密な削りを実現する最大の要因となっている。大工職人からの高いレベルの要求に、鍛冶職人が技術で応えたといっていい。

竹中大工道具館に展示された厚さ数ミクロンの削り屑。まるでレースのカーテンのように向こうが透けて見える

量販品とは比較にならない 手打ち鉋の圧倒的な優位性

一口に鉋といっても、市販されているものには三つのグループがある。ホームセンターで売られる安価な量販品に、刃部分が交換できる替え刃式、そして鍛冶職人が手づくりした手打ち鉋である。

量販品は工場で鋼と地金を一体化させ、その刃をカットして鉋台に納める。

刃が粘り強さに欠け、耐久性や耐摩耗性はさほど考慮されていない。手打ち式ならある程度引いてもまだまだ削れるのに、量販品はすぐに切れ味が落ち、研がなければならなくなるものもある。鉋台もそれなりのものでしかなく、狂いが生じやすい。せいぜい木材の角の面取りくらいではないか。それがプロたちからの評価だ。

替え刃式は安く購入できるが、刃を替えるサイクルが意外に早い。また硬い木が削れないなど、樹木を選ぶ傾向もある。当然ながら切れ味は、手打ち鉋には及ばない。

DIYをやりたいのなら、初期投資は高くても、手打ち鉋を選ぶべきだろう。

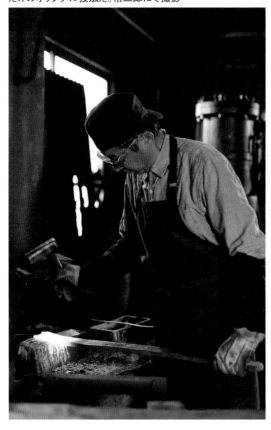

海外の鉋刃は鋼だけだが、日本では軟らかい錬鉄と鋼を炉で熱して一体化させている。日本だけのオリジナル技法だ。常三郎にて撮影

三つのパーツでできている極めてシンプルな鉋の構造

鉋にも様々な種類があるが、使う頻度が高く、最もポピュラーなのが下の写真の平鉋（平台鉋とも）だ。

DIY派も、まず入手するのは、この平鉋からということになるだろう。

部材の表面を削る役目の鉋身と裏金（押さえ金）。そして、鉋身と裏金の二枚の刃を格納する押さえ棒が取りつけられた鉋台。鉋はこの三つで構成される。他の種類の鉋も、基本的な構造はほぼ同じである。

見たとおりシンプルな仕組みだ。海外の鉋のように鉋刃をクサビで直接固定しないで、鉋身を頭から刃先に向かってサイド幅が薄くなるテーパー状にすることで、押さえ溝でホールドする構造になっている。

このシステムにより、鉋刃の微妙な繰り出し幅の調整が可能になった。仕立て方しだいで深く掘ったり、浅く削ったりと、幅広く活用することができるのだ。実によくできているというしかない。

なお、鉋身は銘の入る刃裏をこちらに、裏金は逆に表を手前に向けてセットする。

［鉋のパーツ名称］

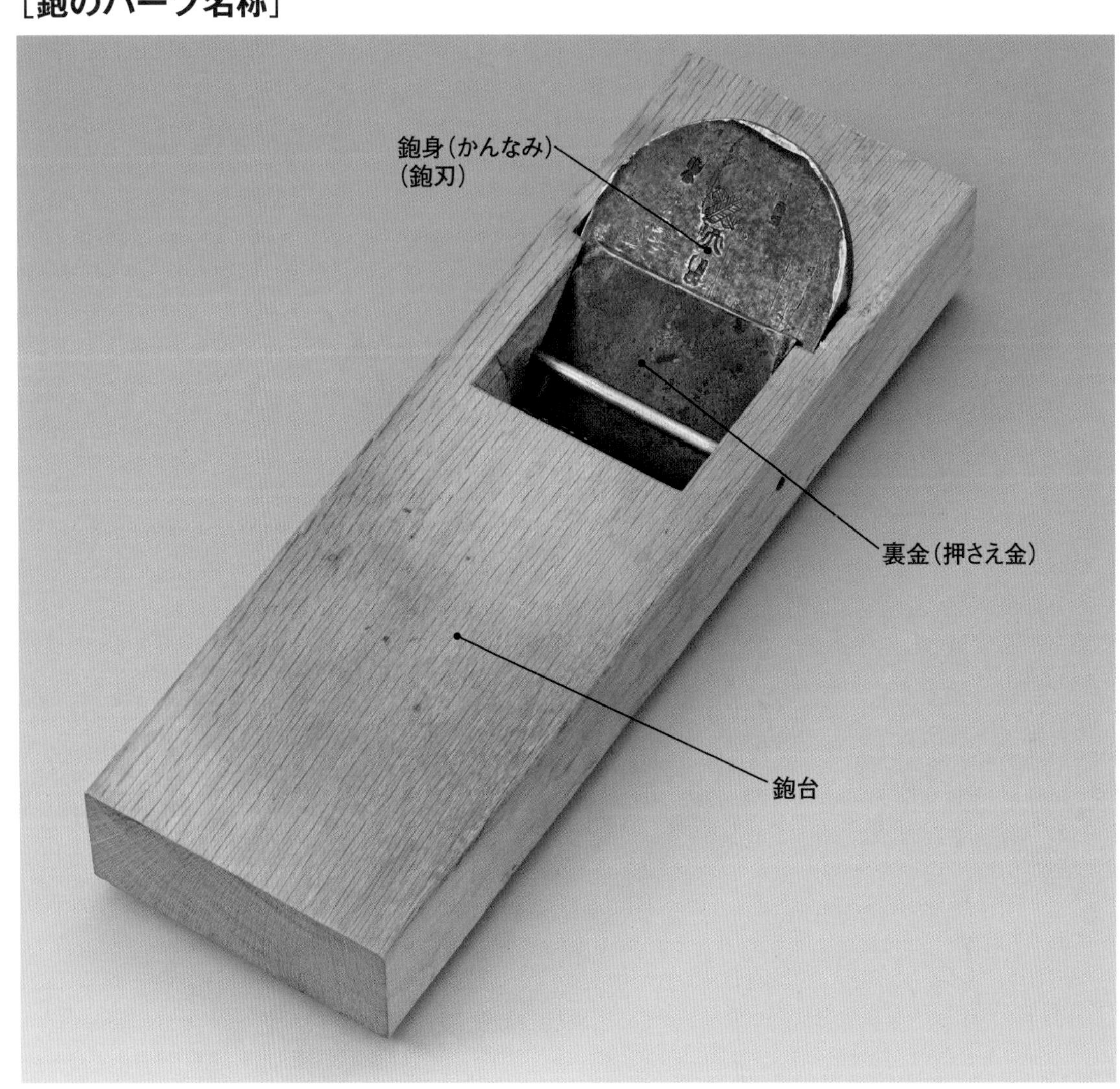

<鉋台　裏>

<鉋台　表>

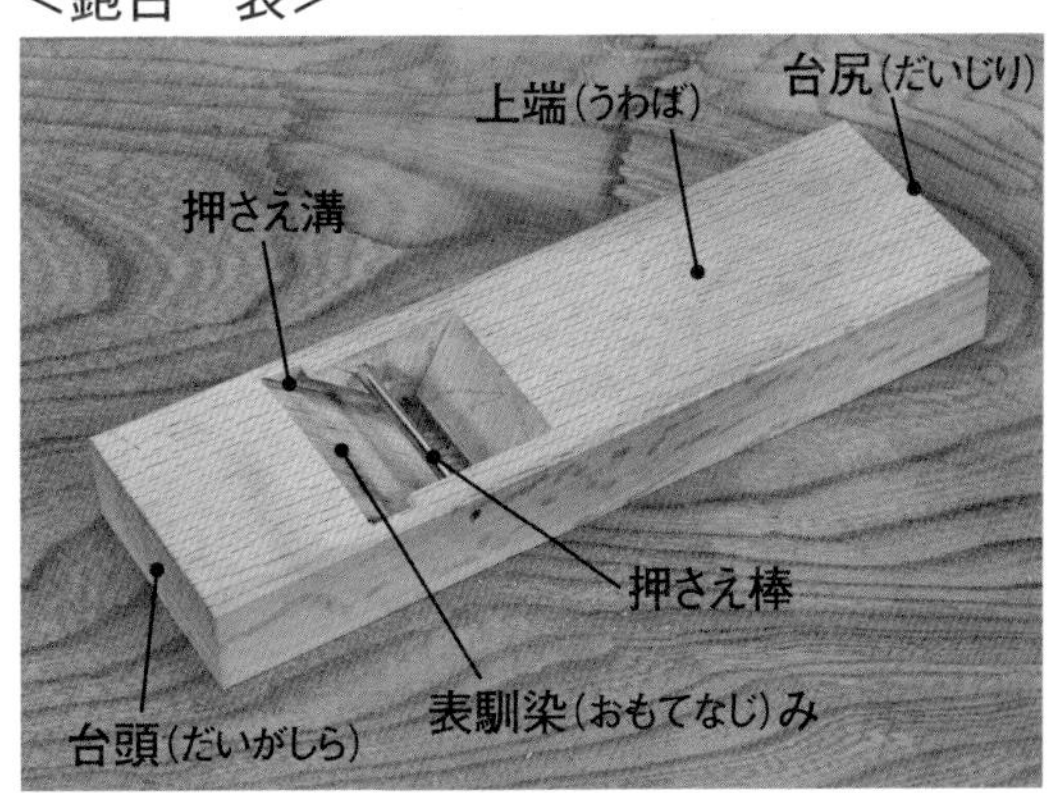

<鉋身　刃表>

<鉋身　刃裏>

<裏金　裏>

<裏金　表>

※鉋刃の「表」「裏」表記は本来、正式なものではないが、学校教育の教材に用いられて一般化していることから、本書でも「表」「裏」で記述している

鉋のサイズを比べてみた。左からスタンダードな平鉋、長台鉋、小鉋、豆鉋の順

長台鉋から小型の豆鉋まで鉋のバリエーションは多彩

同じ平鉋のジャンルに括(くく)られながらも、刃幅のサイズや鉋台の長さにより、様々なバリエーションがある。

一般的な平鉋と刃の幅は同じだが、鉋台が長いものを長台鉋と呼んでいる。通常用いられる鉋台は30センチ弱だが、このタイプは40センチほどもある。

長台鉋は台が長い分、削りの直線が得やすいというメリットがあるものの、台がたわみやすく、平鉋に比べて、それなりの仕立てが必要になる。また台が長いことで、取りまわしも悪くなる。

数寄屋造(すきやづくり)や社寺建築にかかわる大工さんに重宝されるプロ御用達の手道具で、DIY派には縁遠い存在かもしれない。

一方、まるでミニチュア玩具のような、超小型の鉋も市販される。

鉋台の長さが5センチ以下のものもあるが、これでもれっきとした鉋である。それらをまとめて豆鉋と称している。

用途は家具などの細工。値段も安いので、一台持っていてもいいかもしれない。

初心者にベストチョイスは寸六か寸八サイズの平鉋

平鉋のグループは、鉋身幅（左ページの写真説明を参照）のサイズによって細かくクラス分けされている。左ページの表がそのラインアップで、常三郎が公表している数値をベースに作成した。

鉋身幅が48ミリ以下を小鉋、50ミリから80ミリ台を平鉋、90ミリを超えるものを大鉋としている。だが、区分けに関しては諸説があり、また曖昧な部分もあって、この限りでないことをお断りしておきたい。

小鉋は木材の角の面取りや細工物などに

全長約7センチの豆鉋。家具製作で椅子の背もたれの仕上げをするときなどには重宝する

[鉋のサイズ表示]

種類	鉋身幅	削り幅	旧称	鉋台の長さ
小鉋	36mm	31mm	寸二	五寸五分〜七寸台
	42mm	36mm	寸四	五寸五分〜七寸台
	48mm	43mm	寸六	五寸五分〜七寸台
平鉋	50mm	44mm	寸二	七寸台
	55mm	48mm	寸三	八寸台
	60mm	54mm	寸四	九寸台
	65mm	57mm	寸六	九寸五分台
	70mm	63mm	寸八	九寸五分台
	80mm	70mm	二寸	尺台
大鉋	105mm	(未公表)	三寸五分	尺三寸台
	120mm	(未公表)	四寸	尺四寸台
	150mm	(未公表)	五寸	尺六寸台
	300mm	(未公表)	一尺	二尺三寸台

※製作者によって数値に若干の差がある

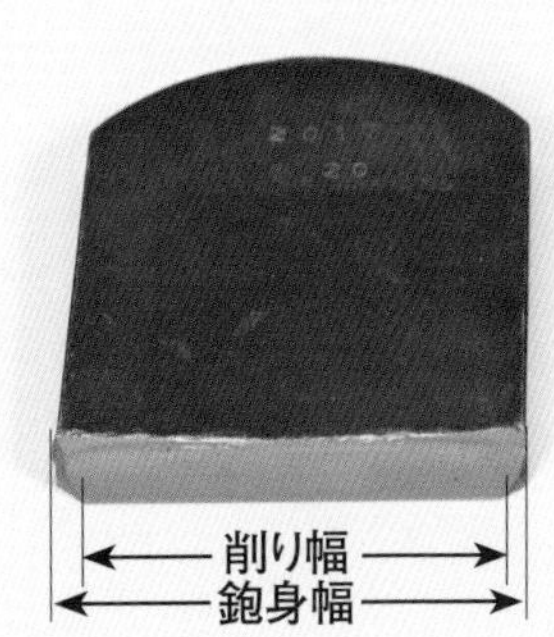

平鉋の商品構成は削り幅ではなく、鉋身幅によって区分けされる。それにともない台の長さも変化

用い、鉋台もやや小ぶりだ。対して大鉋は鉋身の大きさにともない、台の横幅も広くなる。

各名称は鉋身幅のミリ数で呼ぶことになっているが、旧称のほうが今でも通りやすい。

旧称も鉋身幅からきていて、最もポピュラーな「寸八」は一寸八分の略。一寸=約3センチ、一分=約0・3センチだから、寸八はおよそ5・4センチの鉋身幅の刃を持つ鉋ということになる。と、ここで表組の数値と異なるのではないか……。そんな声も聞こえてくる。

そう、小鉋と大鉋に関してはほぼ旧称に従った鉋身幅だが、平鉋に関してだけは旧称から導かれる数字よりも、実際の鉋身幅が大きくなっている。混乱を生む要因だが、古くからの慣習ゆえにしかたがない。

さて、初心者はどの鉋を買えばいいか。ベストバイは大工さんのスタンダード、平鉋の寸八か、それより引きが軽い寸六あたりだろう。女性なら寸四をオススメする。

軽快な削りを実現するために手打ち鉋に盛り込まれた技術

木の表面を削ることは、そう簡単なことではない。それを乗り越える工夫を施し、木肌を鏡面の輝きに仕上げるのだからすごい。先人たちは、どんな知恵で手打ち鉋を進化させていったのか。

バー状にした錬鉄の上に鋼を載せて鍛接し鉋身をつくる

性格が違う鋼と地金を合体パフォーマンス向上に導く

手打ち鉋の削り刃である鉋身は、硬い鋼と軟らかい地金を鍛造で貼りつけた二層構造になっている。刃表側が主に地金で、銘のある刃裏の下半分が鋼という仕組みだ。

これまで再三ふれてきた話だが、ここで一度まとめ、さらに深掘りしていきたい。

海外の鉋刃が鋼だけでつくられているのに対し、なぜこんな手間をかけるのか。

よく指摘されるのが、研ぎやすさである。硬度があって研ぎにくい鋼部分の面積が小さく抑えられ、たしかに研ぎやすくなる。

このメリットに加え、こんな説もある。鋼の硬度を出すために製作途中で焼き入れするが、焼き入れの際、鋼はひび割れを起こしやすい。それを地金部分が割れるのを防いでいるとのことだ。つまり、より高度な焼き入れが可能になるというわけ。

加熱・急冷しても焼きが入らない錬鉄を地金に用いているのがミソで、まさに地金に打ってつけの鉄材だ。

ちなみに、錬鉄は製鉄技術が未熟な時代に英国でつくられ、明治中期以降は生産されなくなった。そのため廃棄された古いレールや船の錨を探してきて使っている。

かつて錬鉄の利用は、業界内だけの秘密だった。廃棄材を使っていると知られれば、値段が安くなると心配したからだ。

左が二枚鉋で、右が裏金のない一枚鉋。一枚鉋は高度な木口の仕上げ削りが可能で、現在でも高級和式建築で使われる

鉋身の裏にセットされる裏金は、逆目立ちを抑止するため明治時代後期に考案された

鉋身の刃で切削された削り屑は、裏金により急速に曲げられる。繊維の腰が折られ、先割れの進行を防いでいる

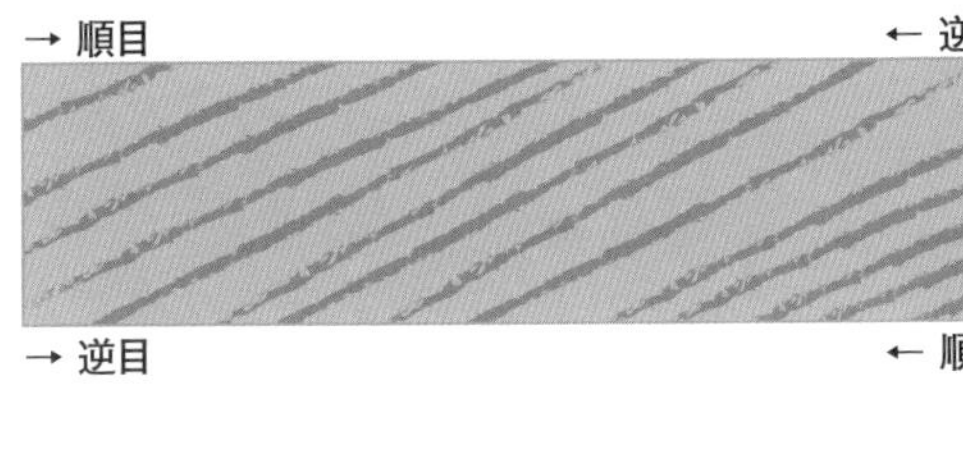

錬鉄は酸素気孔が黒い粒となって残りやすい。それをゴマと称するが、今ではゴマは錬鉄のよさの証しだとし、珍重する人も増えている。時代は変わったというべきか。

さて、錬鉄からなる地金は、粘り強い性格も持っている。その地金の粘りが、刃となる鋼部分が削る際に受ける衝撃を和らげている――。そう主張する人もいる。刃を支える地金の役割は極めて大きい。

鋼と地金を一体化させる技法がいつ生まれたかは不明だが、発明した名もなき鍛冶職人に、謝意を述べたくもなるだろう。

鉋身に裏金を重ねる二枚鉋 逆目立ちの抑制に効果発揮

私たちが使う鉋は、削り刃である鉋身に裏金を合わせた二枚鉋（合わせ鉋）だ。実はこの形式は、明治の後半に考案されたものである。それ以前は裏金のない、鉋身だけの一枚鉋が活躍していた。

新たに加わった裏金は、削っていて逆目を立たせないという役目を担っている。

以下、左下の木目のイラストを見ながら読んでいただくと、理解も得やすいだろう。

逆目の板に刃を入れると、逆目の木目に沿って刃の下方向に割れ（先割れ）が生まれる。そのまま鉋を引けば先割れが起きた部分がめくれ上がり、表面がザラザラして、きれいな仕上がりにはならない。そんな荒れた状態を逆目立ちと呼ぶ。

順目でも先割れはできるが、割れる方向は木目に従って刃先より上に向かう。生じためくれは、結局、刃がすくい取っていくので、板の表面はきれいになるのだ。

では、裏金がどう逆目立ちを防ぐのか。

鉋身で削られた部分は、裏金の先端部だけ鈍角に研がれた刃先にぶつかる。これにより進む方向が急速に変わるとともに、木の繊維が圧縮されて腰が折られ、先割れが深くなるのを防いでいる。

　先割れが浅ければ木のめくれも少なくなり、きれいな削り面になるというわけだ。裏金による逆目立ちを抑える仕組みである。

　節のある木材は順目と逆目が混在する。明治後半に一枚鉋から二枚鉋に移行したのは、良質な森林資源が減少したからで、節を持ち順目と逆目が混じるような木材も削らなくてはならなくなったからだという。

　なお、二枚鉋に主役の座を譲った一枚鉋だが、今でも数寄屋建築や寺社建築では使われている。仕上がりが二枚鉋より美しいためで、引きが軽いのも大きな特徴だ。

切削角の変化により逆目立ちを防止する二枚鉋。難しい逆目削りもこれで楽になった

鉋身の刃裏に設けられた浅い窪みの裏スキ。それを取り囲むようにつくられているのが糸ウラだ

研ぎやすさだけではない 刃裏にある浅い窪みの意味

　鉋身の刃裏にある凹状の窪みを裏スキという。裏スキは刃裏の下半分を占める鋼部分に設けられている。

　鋼は硬く極めて研ぎにくいが、裏スキをつくることで、裏スキをぐるりと囲む糸ウラだけを研げばいいということになる。

　裏スキがなければ、砥石がけはもっと時間のかかる作業になっただろう。

　しかし、どうもそれだけではないようだ。巻頭特集にご登場願った常三郎の魚住徹さんが、あるネットのインタビュー記事でこんな話を披露していた。

　かつて裏スキのない鉋刃を試作したことがあるが、引きが重くて、とても削るどころではなかったそうだ。

　どうやら裏スキは、軽快な削りを実現するために、欠かせない仕組みのようである。この件に関しては、寡聞にして知らずだが、従来、語られることがなかったのではないかと思う。

　どんな力学的なメカニズムが働いているかはわからないが、鉋づくりの歴史のなかで培われて技術の一つなのだろう。

　最後に、鉋台についてもふれておきたい。鉋を板の上で移動させるとき、鉋台は平面を維持する大事な定規の役目を負う。

　そのため台に歪みがあってはならないということで、硬い白樫や赤樫が用いられてきた。快適な削りを実現する重要なパーツであることは論を待たないだろう。

第1章　削る道具——鉋

鉋が秘める能力を引き出すため
使い手は最大限の努力を注ぎ込む

写真中央の際だけを削る際鉋ほか多様な鉋が生産される

現行の台鉋は16世紀頃に登場 日本人はこう木を削ってきた

木の表面をいかに美しく仕上げるか。古代から大工職人はそれに心血（しんけつ）を注いできた。現在方式の鉋が中国から伝わったことで、削る作業は劇的変化を迎える。さらに鉋は建築様式の変容も招いた。

柄つきのヤリガンナで切削（せっさく）さざ波状の削り面が特徴だ

飛鳥時代に建立された奈良の法隆寺の柱をよく見ると、小さなさざ波状の削り面で全体が仕上げられていることがわかる。

これはヤリガンナという、木製の柄の先に、笹の葉のような刃物を取りつけた手道具で削った痕跡である。

ヤリガンナは引いたり押したりして削るが、木の表面をすくうように切削するので、鉋のように真っ平にはならない。

当時、木の表面をきれいに見せる道具はこれしかなかった。一か所ごと丁寧に削っていく手間は大変だったろう。

古墳時代以前に小型のものが中国から伝わり、大型化させ寺院建築などに用いられるようになるのは飛鳥時代のこととされる。

今では鉋に押されて馴染みが薄くなったヤリガンナだが、風合いあるその切削痕から、茶室などの柱を意匠的に飾るため、用いられることがあるという。

中国からやってきた台鉋を独自の改良で進化させた

削り刃を鉋台に納めた、今の鉋の原形となる台鉋が中国から伝来したのは16世紀のことと考えられている。

ヤリガンナに取って代わり、木の表面を削る仕事は台鉋が主役となった。削り面が美しい平滑面に仕上げられるのだから当然だろう。作業の手間も格段に省けた。

ちなみに、16世紀以前にも台に刃を固定したタイプが用いられていたという説があるが、通説には至っていない。

中国から伝来した台鉋は押して削る方式だった。やがて日本人は、軟材が多い国情に合わせ、手前に引くスタイルに変えていく。モノづくり日本の片鱗がうかがえる。

江戸時代になると、鉋は一気に種類が増えていった。平面だけでなく、曲面や敷居の溝掘りなど、多彩なニーズに応えるためだ。この機能分化による多様化も、日本人ならではの進化のさせ方といえるのではないか。鉋は百花繚乱となる。

さらに削る材の硬軟や、仕上げ具合に応じ、刃の台への設置角度や刃自体の切削角度を変える技法も定着していった。

さて、29ページでも述べたように、二枚鉋が登場したのは明治後期だ。二枚鉋により、技術面でやや劣る大工職人も、逆目に悩まずに鉋が扱える時代がやってきた。

昭和初期の調査では、日本の大工職人が所持する鉋は、およそ40点にのぼったそうだ。しかし、鉋の全盛期は戦前で、以後、大きな技術的ブレークスルーも起きなかった。仕組みや形状は戦前のままである。

量販品を除き、職人がつくる手打ち鉋は戦後の住宅建設ブームを頂点にして、生産台数は下降線をたどって今に至る。

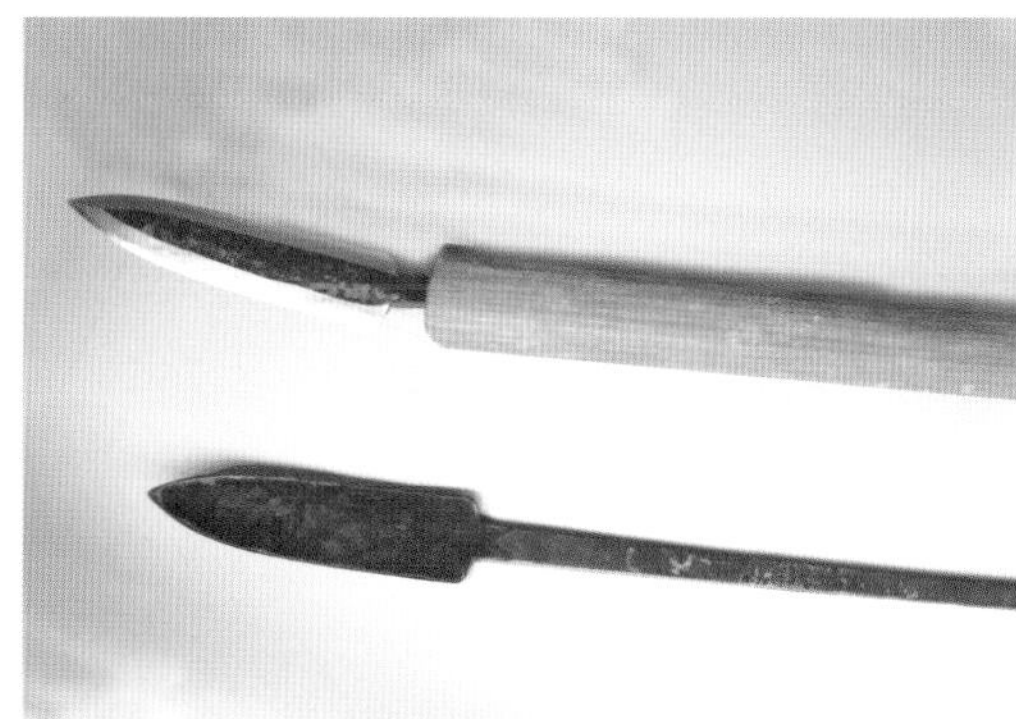

竹中大工道具館に展示されるヤリガンナ。柄の先端に取りつけた刃で、木の表面をすくい取るように削っていく

同じく竹中大工道具館展示のヤリガンナ。飛鳥時代から16世紀まで、木の表面を削る唯一の道具として使われた

中国の鉋。前方に押して削る方式で、手で握る把手が両側についている

多彩な切削面の形状に対応し様々な特殊鉋が生み出された

鉋台の底が凹状にへこんでいたり、逆に外に出っ張っていたり。一台に複数の刃を埋め込んだ鉋もある。平鉋だけが鉋のすべてではないのだ。大工手道具好きならたまらない特殊鉋の世界。

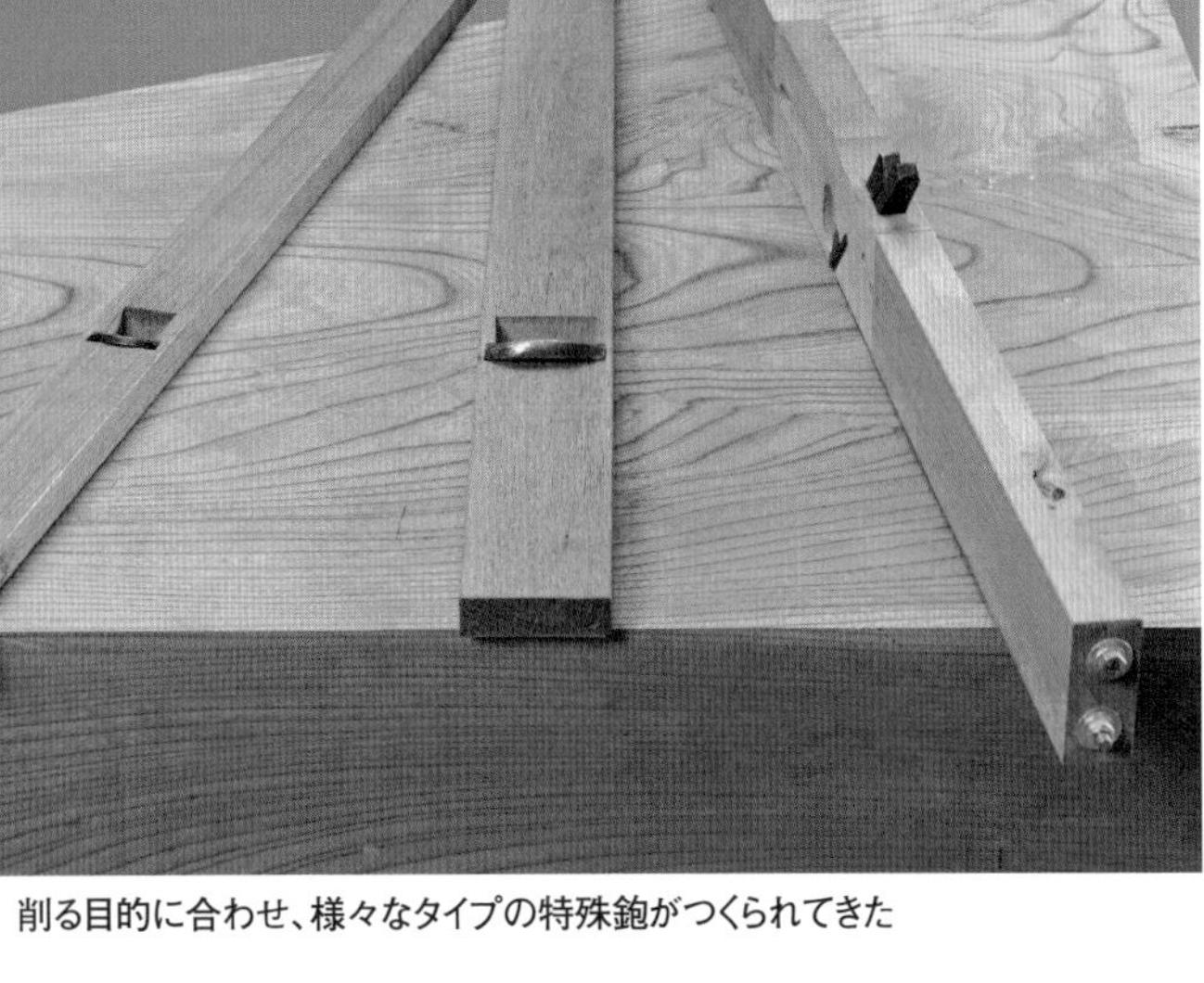

削る目的に合わせ、様々なタイプの特殊鉋がつくられてきた

世界に類のない種類の多さ 独自な形式の異色の鉋たち

スタンダードな平鉋に対し、平鉋とは形状の異なる変わり種の一群がある。それらをまとめて特殊鉋と呼んでいる。

特殊鉋は平鉋が苦手とする、曲面や溝の面取りなどをする目的でつくられた。削る対象を限定し、その用途に特化させたため、それぞれ独特の形となった。

本誌ではその代表格を掲載したが、ＤＩＹ初心者なら初めて目にする鉋ばかりだろう。説明文を読めば、その変わったスタイルに納得してもらえるはずだ。

とはいえ、特殊鉋のバリエーションはこんなものではなく、実に多岐にわたる。

これほど多種多様な特殊鉋が存在するのは日本だけである。より正確な仕上げを望む几帳面さ、また美しい木肌を出したいというつくり手のこだわりが、次々と新しい特殊鉋を生み出していった理由とされる。

だが、茶室様式を取り入れた数寄屋建築や、寺社建築をこなす大工さんにはお馴染みでも、一般住宅を手がける大工さんには遠い存在になりつつある。

ましてやＤＩＹでは……なのだが、南京鉋などは、家具づくりで結構重宝する。一台もっていてもいい特殊鉋である。

特殊鉋の問題点は、台打ち職人さんの減少だ。台を自作する時代に入りつつある。

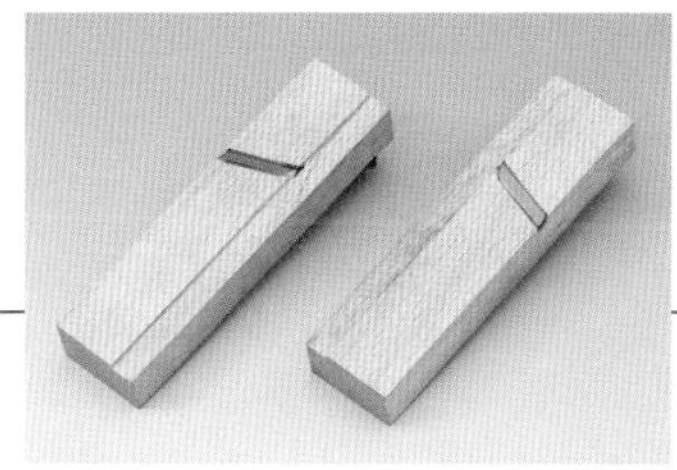

際鉋

きわがんな

L字コーナーの隅まで削れる特殊鉋 左勝手と右勝手を一対でそろえる

L字コーナーの隅（入隅）は、平鉋では削れない。鉋の刃が台の中央部にあるため、鉋台が邪魔して刃が際まで届いてくれないのだ。それを解消する目的で生まれたのが際鉋。刃を斜めに傾斜させ、刃先が台の下端の際まででくるように取りつけられている。左側に刃が出ているものと、右側に刃がのぞくものの2タイプがある。

写真左が右側に刃が出ている左勝手。右が左側に刃が出ている右勝手

台直し鉋

だいなおしがんな

鉋台の下端に生じた歪みを修正する スキルアップのために購入したい鉋

鉋台に歪みが生じると、鉋刃が水平を保てず、きれいな仕上がりは望めなくなる。そんな台の狂いを調整するのが、この台直し鉋の役割である。鉋台の摩擦抵抗を軽減するための削りも行う。DIYを本格的にやるつもりなら、ぜひ購入したいアイテムだ。価格もそれほど高くはなく、通常タイプなら1万円台で購入できるはず。

刃がほぼ垂直に立っているので、立鉋、立刃鉋とも呼ばれる

反り鉋
そりがんな

鉋の台を湾曲させた独特のフォルム へこんだ曲面をつくるために考案

上段の写真2点は反り鉋の裏と表。凹状にへこんだ曲面を削りだすための鉋だ。そのため台側面が大きく湾曲している。

反り鉋の変形として、四方向に曲面が流れる四方反り鉋（左下写真の右）もある。木製椅子の座面のへこみは、この四方反り鉋で削る。ともに刃口部が消耗しやすいので、真鍮板で補強されることも多い。

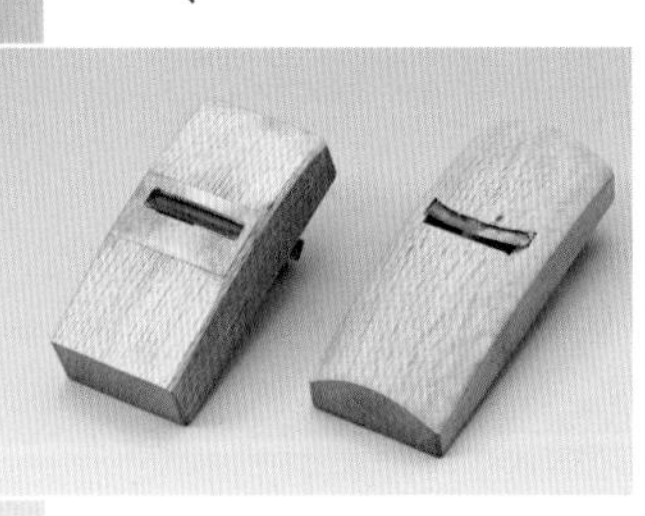

写真下段は反り鉋と四方反り鉋を比較したもの。曲面の違いがわかる

南京鉋
なんきんがんな

鉋刃の左右に伸びた長い把手を握り 曲率が高いパートを加工していく

中国の鉋に似ていることからこの名称になったという。反り鉋では細工が困難な高い曲率が求められる線や面の切削を担う。西洋家具、なかでも椅子の製作現場で重宝される。様々なサイズの鉋刃が用意され、刃幅が狭いほど曲率の高い加工に対応できる。裏金のない一枚鉋で、逆目が立ちやすい箇所では、反転させて押しがけもする。

独特の形状の南京鉋。玄能の柄を自作するときには大いに役立つ

外丸鉋
そとまるがんな

カマボコ状に膨らんだ下端 凹面加工のスペシャリスト

台の下端がせり出し、台そのものがカマボコのようなフォルムをしている。凹状の曲面を加工するための形状であり、搭載される鉋の刃先も、平鉋のように直線ではなく凸型の円弧を描く。

刃先の円弧状の形式により、深丸と軸丸の二種類がある。また鉋身の円弧状の刃のため、裏金との調整が難しい。数寄屋建築が活躍の主舞台となる。

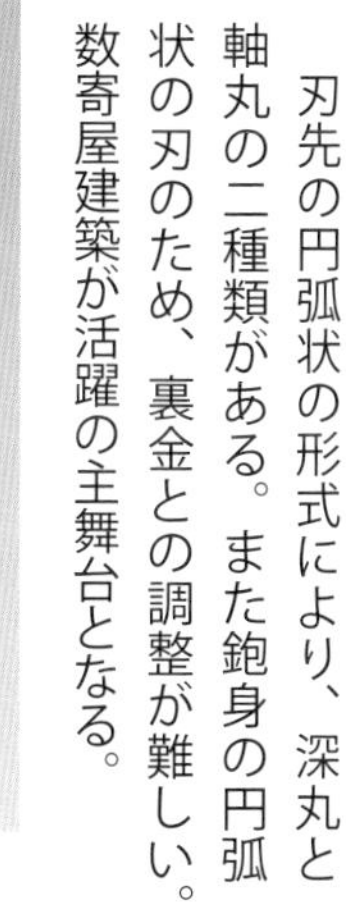

下端の膨らみに合わせ、鉋刃の刃先も円弧上に出っ張る

内丸鉋
うちまるがんな

凸曲面の加工に特化された 外丸鉋とは性格が逆の鉋

外丸鉋とともに丸鉋のグループに括られるが、外丸鉋とは削る対象が逆で、凸曲面加工が専門だ。角材から丸柱をつくるなど、数寄屋建築では御用達。下端がU字型をしていて、刃も中央部が引っ込んだアーチ状になっている。

鉋刃のこの形状から、平坦な通常の砥石では研げず、カマボコ型の専用砥石を別に用意する必要がある。

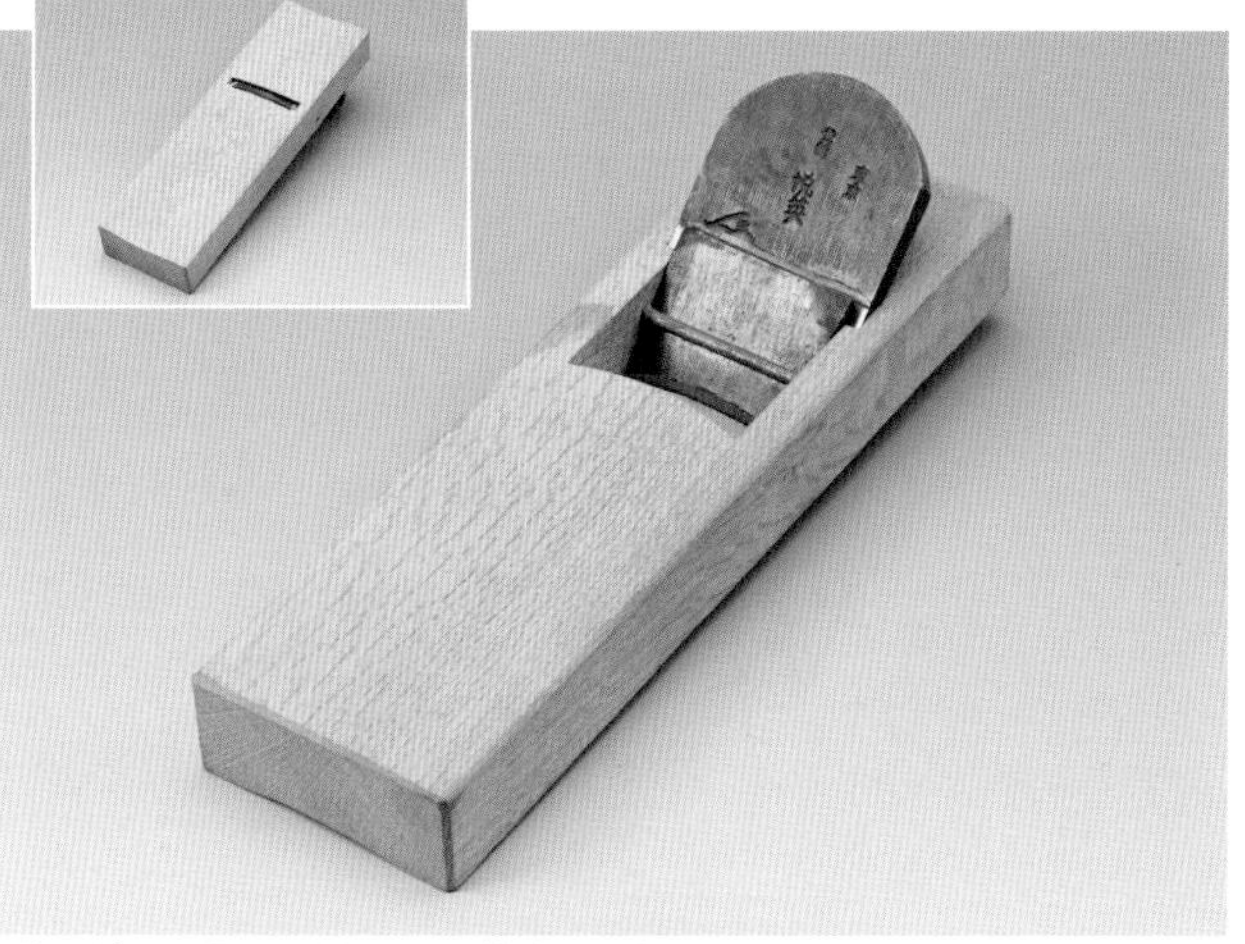

丸柱などの凸曲面を削るため、鉋台が凹状になっている

脇取り鉋
わきとりがんな

鉋台のサイドに設けた刃で 溝の側面を削って仕上げる

人の目にさほどふれない溝の側面も、きれいに仕上げたい。そんな職人の要望から生まれたのがこの鉋だ。鉋刃を台のサイドから出るように仕込み、鉋を溝の内側に滑らせて切削していく。

上端よりも下端が狭くなっているのは、狭い溝でも使えるようにする工夫。溝の両側も削れるように、右勝手と左勝手の2タイプが用意される。

鉋刃の出し具合や角度調整など、使いこなすには技術が必要

自由角面取り鉋

じゆうかくめんどりがんな

事前に面取りしたい幅が設定できる面取り45度専用の優れもの鉋だ

面取り鉋は角材や板材の角を加工する鉋だが、角を丸めるものから、角にわずかな段差をつけるものまで、使用目的に合わせた様々なタイプが用意させている。

写真の鉋は角を45度に削るもので、切削したい面の幅をネジで調整でき、設定した幅に達すれば、それ以上は削れなくなる仕組みだ。実によくできた面取り鉋である。

幅をそろえた面取りをするために考案された角面取り鉋

底取り鉋

そことりがんな

鴨居や敷居の溝底を削って仕上げる形状や仕様など様々なタイプが存在

和室の鴨居や敷居、建具を収めるへこみなどの、溝の底部を削って仕上げるのが役目。形状や鉋屑の排出方法ほかが地域によって違い、写真のものもそのバリエーションの一つだ。この鉋で正確に長い距離を切削するためには、高い技術が求められる。回転電動工具の登場で、数寄屋建築や寺社建築の現場でも、影が薄くなりつつある。

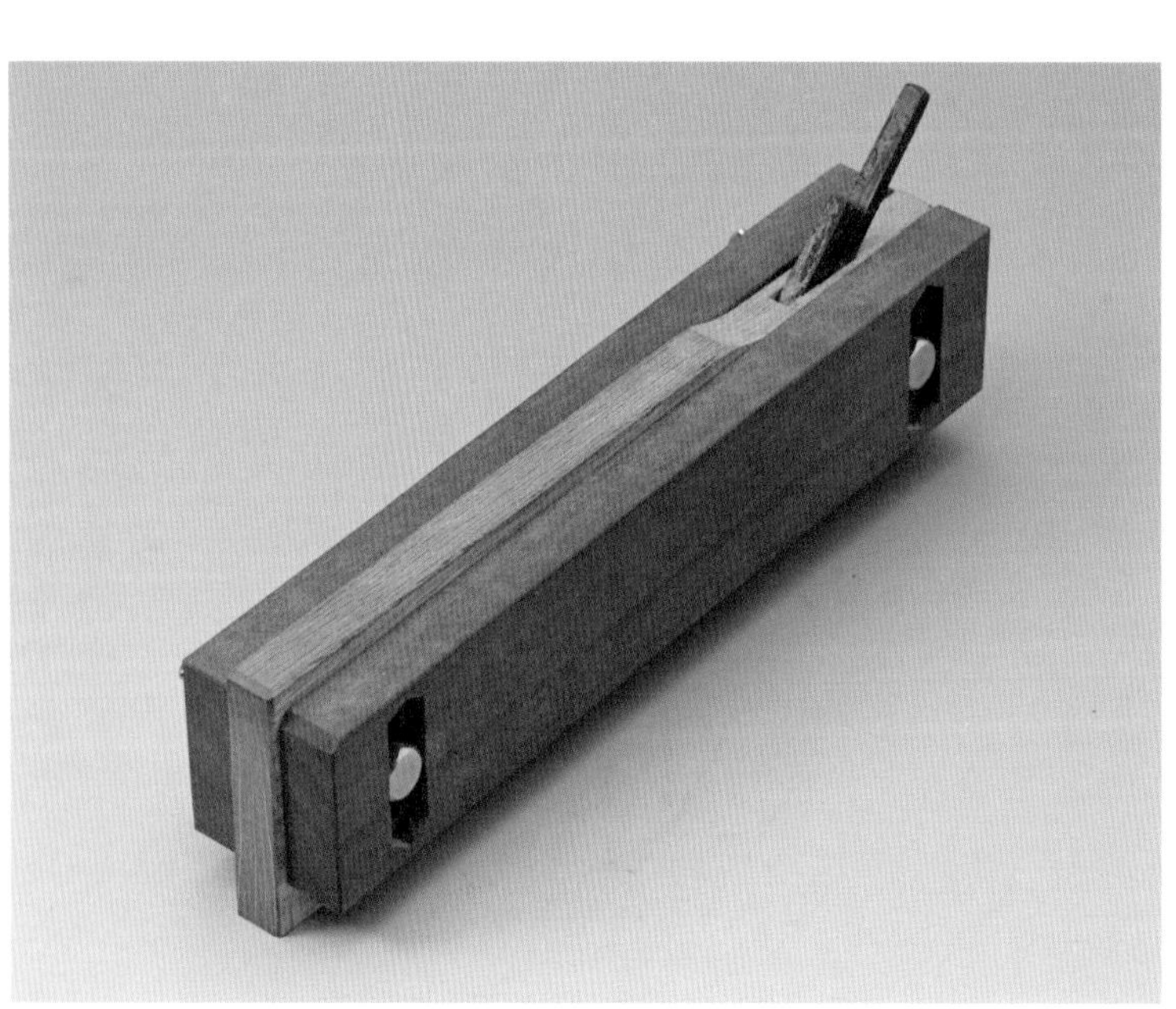

裏金のある二枚鉋で、鑿のような形状の刃が搭載されている

留め隅突き鉋

とめすみつきがんな

平鉋とは鉋刃の向きが逆だ 押しがけができる便利モノ

通常の平鉋とは、鉋刃の取りつけ方向が逆だ。加えて台頭の下端から刃先ものぞいている。障害物が邪魔して、鉋が手前に引けない場合がある。そんなときにこれがあれば便利だ。奥に向かって押して削れるようにしてあり、さらに奥の隅まで刃が届く。構造からいって刃口がつくれないので、台頭に真鍮板を張り、その代役にしている。

様々なサイズの留め隅突き鉋。数寄屋建築などで活躍する

二徳留め隅突き鉋

にとくとめすみつきがんな

一台で二つの役目をはたす コスパに優れたお役立ち鉋

一台で二つの仕事がこなせるタイプを二徳鉋という。写真の鉋は際鉋と溝の脇取り鉋を一台にまとめ、さらに押しがけができて、隅まで削れる留め隅突き機能もプラスした。鉋通でも馴染みがない、かなりめずらしい鉋といっていい。道具の撮影に協力してもらった工匠常陸の自作鉋で、削る面に応じて、右勝手と左勝手を使い分ける。

左が左勝手タイプで、右が右勝手タイプの二徳留め隅突き鉋

五徳鉋

ごとくがんな

凸型の鉋台が特徴の異能鉋 五つの仕事が一台で可能に

たった一台で平鉋、際鉋（左右）、脇取り鉋（左右）の五役をこなす。5倍お得（徳）ということで、五徳鉋と呼ばれる。便利さに目をつけ、所持している大工さんは結構多いのだそうだ。

しかし、五つの仕事をさせるためには、それぞれに合わせた仕立てや調整が重要になる。この作業がかなり煩わしく、扱いづらい面もある鉋だ。

プロ職人に愛される、五つの仕事を一台でこなすマルチ鉋

鉋をどう使えるようにするか仕立て作業に入る前の下準備

いよいよ技術編に突入する。鉋は「仕立て」という一連の作業を経ないと使えるようにはならない。最も手のかかる道具といわれるゆえんだ。その仕立て作業に入る前に、まずはここから。

鉋のポテンシャルを引き出すためには仕立て作業が不可欠だ

自分の鉋は何分仕込みか？その確認からスタートする

鉋刃の台へのセッティングの調整や、鉋台に生じた歪みの修正など、鉋においては仕立てという作業が必要になる。買ったからといって、すぐに使い出せる道具ではないのだ。この仕立てが少々面倒で、ＤＩＹ初心者には高いハードルになっている。

とはいえ、仕立てをしないと次のステップには進めない。この攻略も、ＤＩＹの楽しみの一つだと前向きにとらえよう。

まずチェックするのは、入手した鉋がどのくらいの仕込みになっているかだ。

製作側は仕立てをある程度すませて販売するが、7割がた終えているものを「七分仕込み」と呼び、「八分仕込み」「九分仕込み」とレベルが進む。

さらに「買ってすぐに使える」を売りにした、仕立てを終えたという「直ぐ使い」もある。この直ぐ使いタイプは、ＤＩＹ初心者を意識してつくられた鉋である。

では、直ぐ使いを購入すれば、仕立ての手間が省けるかといえば、決してそうではない。鉋台は湿度などで変形する。刃がきつめに入っている傾向もあり、それなりに仕立てを行わなくてはならないのだ。

初心者は間違っても黒刃の鉋に手を出さないこと。刃が研がれていないので、仕立ては相当面倒なものになってしまう。

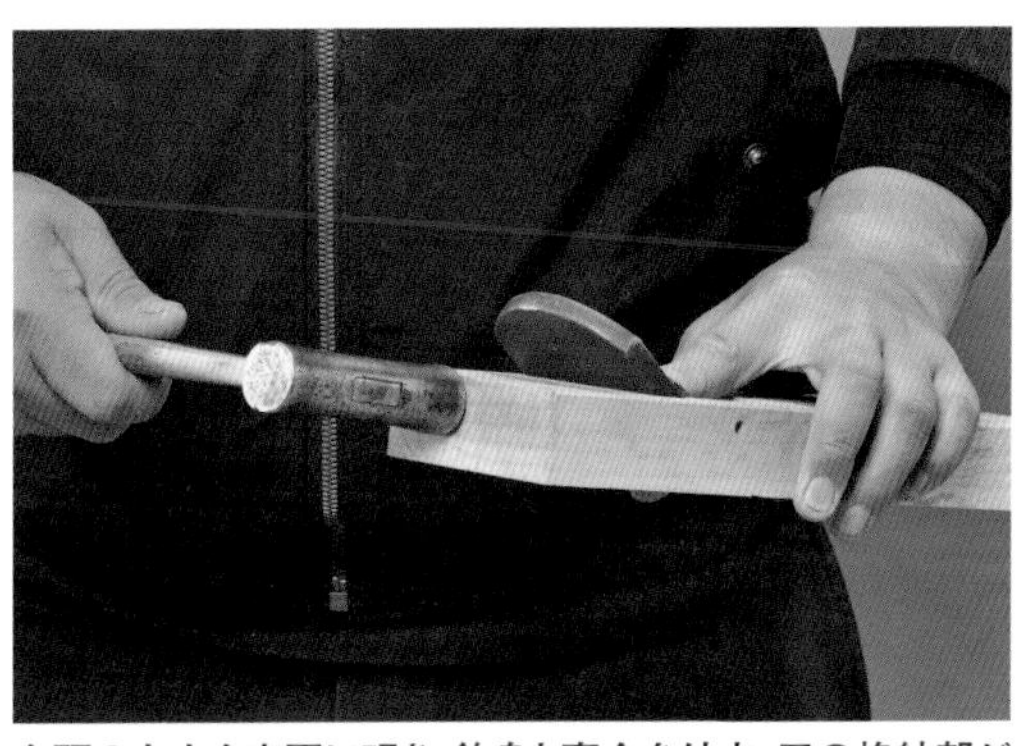
台頭の左右を交互に叩き、鉋身と裏金を外す。刃の格納部があるため、台頭の中央部は割れやすいので叩かない

刃を取り外す際には、刃が飛び出ないよう人差し指で裏金を押さえる。刃が床に落下すれば刃こぼれも生じやすい

それほど強く叩かなくても、木の反発力を使うので刃を簡単に取り外せる。この力加減をしっかり身につけよう

鉋台と鉋身と裏金。たった三つのパーツでできている。取り外して並べてみると、そのシンプルさに驚くはずだ

木槌で叩くか、玄能で叩くか。それぞれ一長一短があり、使い手によって判断がわかれる

仕立ての作業を始める前に鉋刃の出し入れをマスター

購入したら、鉋身と裏金の取り外しが最初のワークになる。

台頭の両端を叩くと、その反動で鉋刃が台から浮き簡単に外せる。このとき台頭の中央部を叩かないようにしよう。台が割れることがあるからだ。刃が飛び出して落ちないよう人差し指で刃を押さえて作業する。

刃の挿入では、まず鉋身を押し込んで軽く叩き、次に裏金を入れて同じく軽く叩く。仕立て前の仮収納の状態なので、強く叩くと台の押さえ溝が割れてしまう。打撃する場所は鉋身の頭周辺のみにする。

刃の出し入れを繰り返し練習し、コツをしっかりつかんでおきたい。

さて叩く道具だが、木槌(きづち)派と玄能(げんのう)派がいる。玄能だと鉋の頭がめくれ上がって傷むと主張する木槌派に対し、玄能派は叩き方の加減がわかり、微妙な調整ができると譲らない。たしかに軽く叩いても、刃に力が伝わる感じだ。どちらにするかは、自分に合ったほうを選べばいいだろう。

刃と台のフィッティングの調整 新調した鉋の仕立てを始める

仕立ての前段は鉋刃の台へのフィッティングだ。鉋台の下端にある刃口から刃先が出るようにする。そのためには台の表馴染み(おもてなじ)や押さえ溝の調整が必要になる。デリケートな作業なので慎重に!!

軽く叩いて刃口から刃が出せるように慎重に仕立てていく

大工道具で最も面倒な作業 初心者は完璧さを求めない

鉋の仕立ては一筋縄にはいかない。ＳＮＳにも関連する様々な動画がアップされているが、刃口の幅を削って広げたり、グラインダーで鉋身の耳を切断したり……。それらを見て、こんな大変なことができるのか、と不安になる初心者は多いはず。

動画で紹介されている仕立ての多くは、仕込み度合いが低い鉋を購入する、プロの大工さん向けといっていい。

「八分仕込み」「九分仕込み」「直ぐ使い」といった、初心者にも扱いやすい設定にしてある鉋を購入した場合は、この限りではないのでご安心を。手に余る込み入った作業は、おそらくパスできるはずである。

ただ、たとえ直ぐ使いであっても、前述したように、それなりの仕立ては必要だ。

キモは最初から１００点満点を目指さないこと。ある程度、勝手がわかってから、仕立て直しをしてもいいのである。結構アバウトな仕立てでもＯＫだったりもして、気を楽にして取り組みたい。

ＳＮＳの動画を観てわかるように、人によって仕立て方は千差万別だ。自分なりのやり方を徐々に見つけていけばいい。

なお、以下で紹介する仕立ては、初心者向けのざっくりしたものである。この方法がすべてではないことをお断りしておこう。

鉋身の刃裏と裏金の刃裏が隙間なく重なり合っていないと、美しい削りはまず望めない。仕立ての重要なポイントだ

鉋身と裏金の状態チェック 大事なのは鉋身裏の平面性

鉋台から鉋身と裏金を取り外し、それぞれの状態を確認する。

歪みや捻じれがないかを見ていくが、製作者がハイレベルの仕込みをして販売している商品なら、大きな歪みや捻じれはないと思っていいだろう。

もしあったなら、交換してもらったほうがいい。直しが大がかりになり、とても初心者が対処できるものではないからだ。

次は鉋身の刃裏の番である。浅く窪んだ裏スキを囲むように、刃先部を含めコの字状に糸ウラが設けられている。鉋ではこの糸ウラの平面性が重要だ。

通常、まったく刃が研がれていない黒刃タイプ以外は、研ぎ師さんが糸ウラの平面出しをする「裏押し」がなされている。

プロが研いでいるのだから精度は高いはずなのだが、たまに研ぎが甘く、刃裏の平面性が確保されていないものもある。次の方法でチェックしよう。

糸ウラの部分だけ油性ペンで塗りつぶし、6000番くらいの砥石で研いでみる。平面になっているところのインクは消えるが、そうでない箇所はインクが残る。

インクが残り、平面がつくれていなかった場合は、本格的に裏押しをしなくてはならない。裏押しに関しては、132ページの研ぎのコーナーを参照してほしい。

刃裏の平面チェックをし、問題がなかったなら、鉋身と裏金を重ねる。合わせる面は鉋身の刃裏、裏金の刃裏面である。

重ねた状態で刃の頭方向からのぞき、重なり合った部分から光が見えるかどうかを調べる。光が洩れて隙間が生じているのなら、裏金の平面が取れていないことになり、研いで修正しなくてはならない。

密着が大事なのは、隙間に鉋屑がつまり、逆目立ちも抑えられなくなるからだ。

今度は鉋身と裏金を重ねた状態で平らな台に置き、裏金を指で押してガタツキを見る。ガタツクのなら、裏金の頭の左右についている耳を玄能で叩いて調整し、ガタツキをなくしていく。

本来、製作側がハイレベルの仕込みを施している鉋なら、ここまでの作業は不要のはず。だが、仕込みが不十分なものもあり、鉋身と裏金のチェックは欠かせない。

鉋身とそれを格納する押さえ溝のフィッティングを確認するため、鉋身の両サイドに鉛筆の粉を付着させて調べる

刃口から鉋刃を出すために押さえ溝の調整にトライする

鉋身と裏金の調整が終わったら、鉋台とのフィッティングが次のテーマになる。

まずは鉋身だけ台に入れ、左右に動かしてみる。押さえ溝と鉋身には多少の遊びが必要で、少しガタツクくらいのほうがいい。

ちなみに、ハイレベルな仕込みをうたう鉋でも、押さえ溝、表馴染みとのフィッティングは必ず実施してほしい。鉋台が製作時よりも膨らみ、再調整が必要になることも少なくないからだ。

で、溝がキツキツならこの方法で調整する。鉋身の両サイドに、軟らかい鉛筆をこすりつける。そして鉋身を手で台に入れられるところまで押し入れ、玄能か木槌で軽く叩いて少しだけ押し込む。

このとき強く叩き込まないようにしよう。押さえ溝や刃口周辺が割れてしまうからだ。

いったん抜き、押さえ溝の底についた鉛筆の跡を刃幅の狭い鑿で削り、押さえ溝の幅を広げる。刃と押さえ溝の間に1ミリ弱の隙間ができるまで、この作業を繰り返す。

押さえ溝にゆったりと鉋身を格納するため、鉛筆の跡がついた部分を幅の狭い鑿などで薄く削って調整をしていく

鉋身のフィッティングを調べるときにも鉛筆の粉を塗りつけてチェックする。椿油を塗って調べるやり方もある

鉋身があたっている部分に鉛筆の跡が残るので、その場所だけを削って表馴染みとのフィッティング性を高める

鉋台の表馴染みを調整して軽く叩いて刃が出る状態に

表馴染みとのフィッティングでは、鉋身の表刃に鉛筆粉を付着させる。作業は押さえ溝の調整と同じで、刃が強くあたる部分である、表馴染みについた粉の跡を削る。

この作業を繰り返すと、しだいに鉛筆粉が残る場所が広がり、手の力だけで刃が深く入るようになる。

さらに作業を繰り返し、手の操作だけで刃口から5ミリほど手前まで鉋身が挿入できるようになれば、この作業も完了だ。たぶん緩すぎではないかと思うかもしれないが、このくらいがちょうどいい。

仕込み度合いの高い鉋なら、おそらく一、二度でこの状態に持っていけるはずだ。

いよいよ刃口から鉋刃を出す段だが、手で入るところまで押し込み、最後は玄能か木槌で軽く叩く。無理なく刃が刃口から出てくるだろう。さらに裏金も入れていく。

このとき出た刃が刃口と平行かどうかも確認する。斜めに出るのなら、出の少ない側の表馴染みを少しだけ削って調整する。

裏金の仕込みだが、裏金が鉋身にきつくあたっていると、切刃がもどることも。手で簡単に押し込められるくらいに緩く調整するのが、裏金の正しい仕込み方である。

さて、鉋台と刃のマッチングでは、台の押さえ棒の調整を勧める記事や動画も目にする。単に押さえ棒の不具合ではなく、複合的な問題が絡んでいることもあり、初心者は安易に手出ししないほうがいい。

鉋の仕立ては難しい作業である。買った後でも仕立ての相談に乗ってくれる、親切な店で入手することを強くオススメしたい。

表馴染みの調整が終了したら鉋身に裏金を重ねて挿入し、仕立て前に比べスムースに出し入れできることを確認

手で強く押して刃先近くまで鉋身の刃先が寄せられるようになったら、軽く叩いて刃先を刃口からわずかに出す

裏金を手で押し込み、入り具合を確認する。うまく入らないときには、裏金の両耳の角度を叩いて緩く調整する

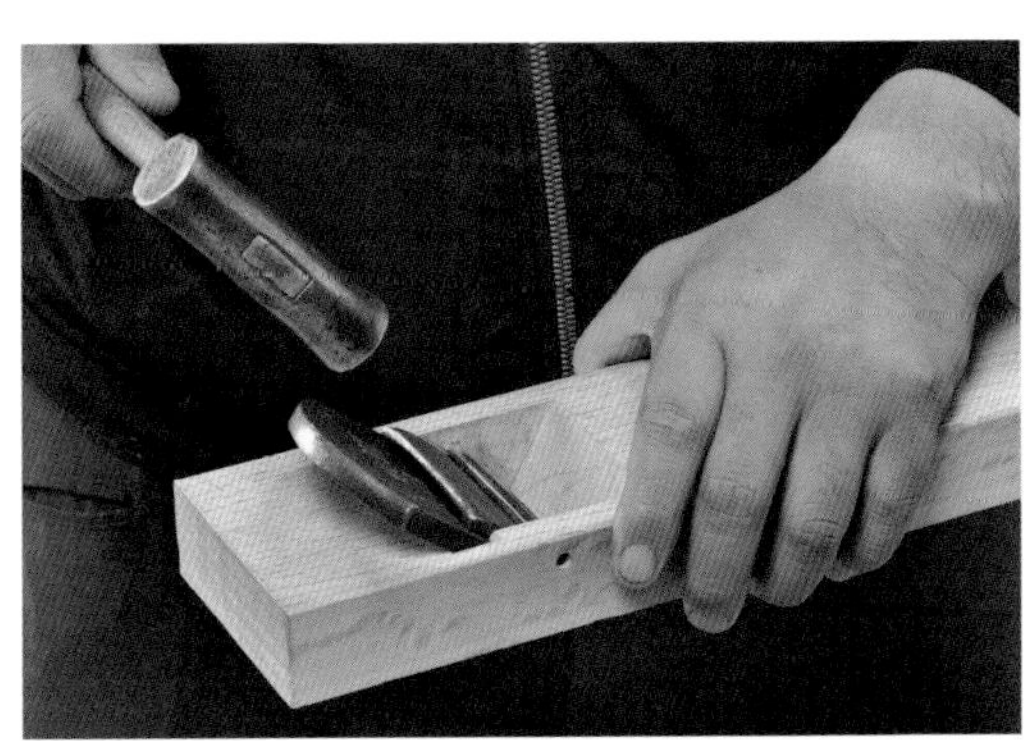

裏金の頭を軽く叩いて深く入れ、鉋身の刃先に寄せていく。間違っても鉋身の刃先より裏金の刃を出さないこと

仕立ての最終調整の台直しで下端の歪みや反りを修正する

仕立てのラストは鉋台の下端の調整＝台直しだ。やや煩雑な作業だが、軽快な削りを実現するためには絶対に手抜きはできない。この工程を終えることで、ようやく一人前の手道具になってくれる。

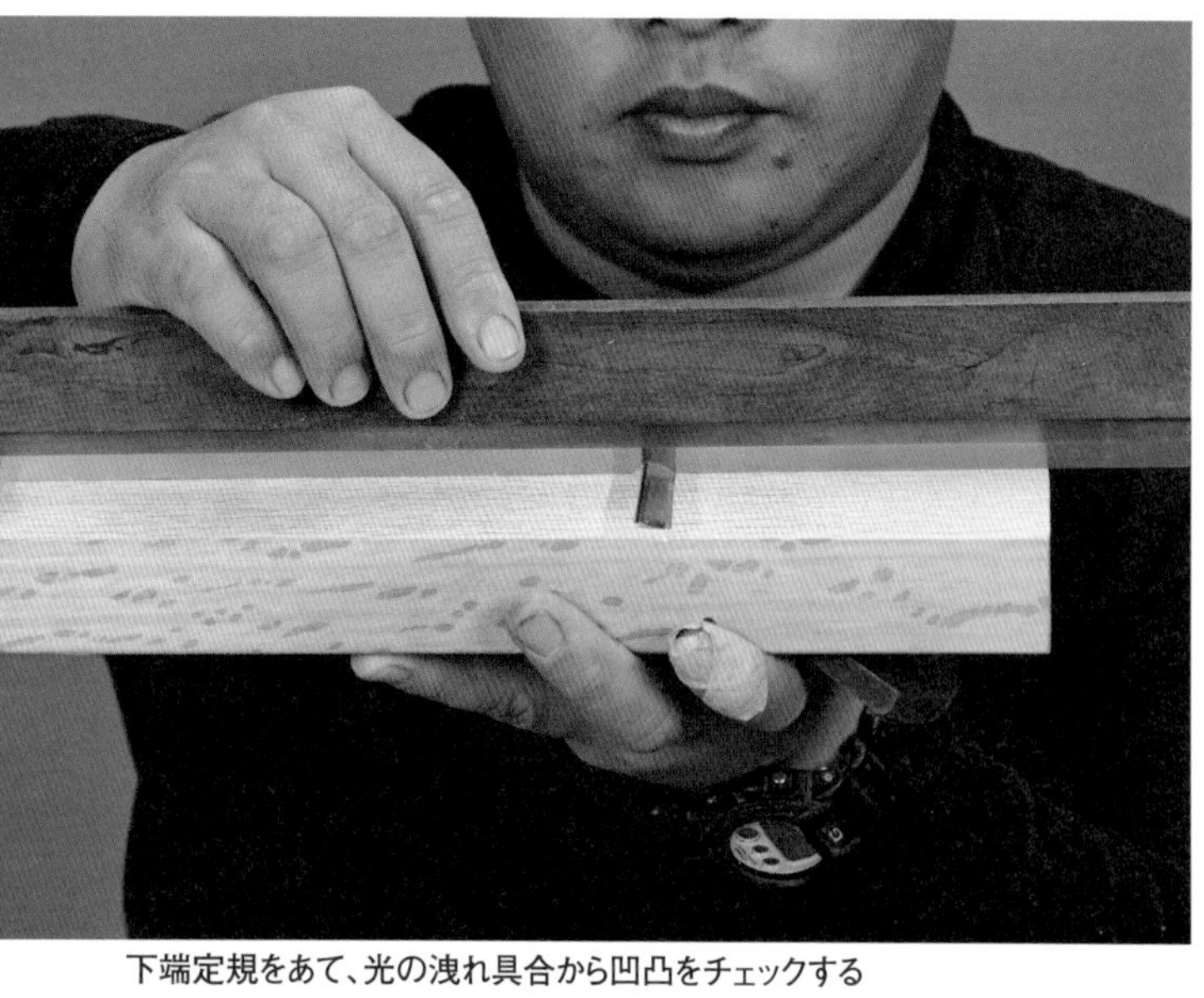
下端定規をあて、光の洩れ具合から凹凸をチェックする

鉋台の下端のフラット性が切れ味を向上させる決め手

鉋台は湿度や気温の影響を受け、膨張したり、収縮したりする。木製品ゆえの宿命といえるだろう。刃を抜いて研いでいる間にも変形するのだからデリケートだ。

膨張や収縮は、反りや捻じれとなって下端の平面性を狂わす。そうなると刃が木材の表面にきちんとあたらなくなり、きれいな削りは難しい。

そこで下端を調整する台直しが必要になるのだ。やり方をレクチャーしていこう。

ちなみに、製作者が高いレベルの仕込みを施した鉋でも下端は容易に狂う。だから直ぐ使いの鉋であっても台直しはマストだ。

台直しでは、必ず鉋身と裏金の二枚を鉋台にセットして作業する。刃が入ることで表馴染みの下が膨らみ、そこの部分を平らにすることが重要になるからだ。

なお、その後の操作で刃先が傷つかないよう、刃口から1ミリ程度は下げておく。

左ページ上の写真に記された各ラインに下端定規をあて、光のほうにかざし、隙間を見て凹凸をチェックする。下端定規はこの作業のための道具だが、本格的なものは値段が張る。当面は安価なストレートエッジや差し金で代用してもいいだろう。

下端の凹凸具合がわかって反りや捻り具合が読み取れたら、次は台直し鉋で膨らん

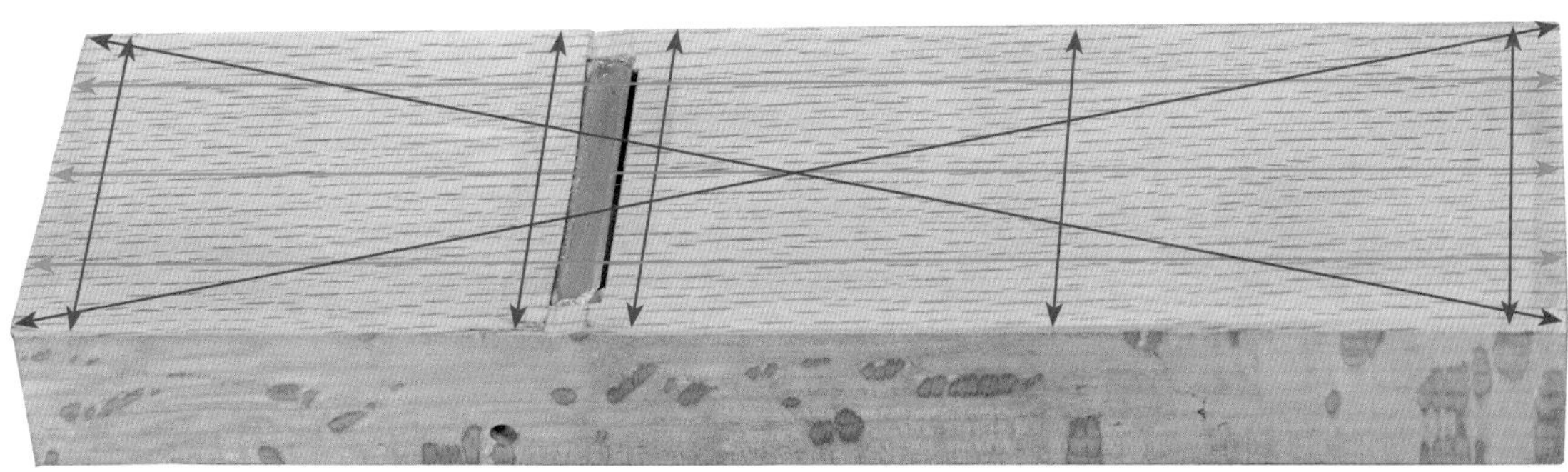

上の10本のラインに下端定規をあてて平坦かどうかを確認していく。一番重要なのは刃口すぐ下のラインで、平坦かどうかを最初にチェックする

でいる部分を切削していく。

台直し鉋の刃はほんのわずかしか出さない。指でさわって少し引っかかる程度にし、台長に対して直角方向に繊維をこそげ落とす。粉状の屑を出すのがこの操作のコツだ。そして、削っては下端定規で確認。この繰り返しで下端をフラットに仕上げていく。

さて、台直し鉋の代わりに紙ヤスリを使う下端調整もあるので紹介しておこう。

面取りをした15センチ×30センチほどの厚めのガラス板を用意する。ガラス板を用いるのは平面性が高いからだ。

そのガラス板にはがせるスプレー糊(のり)で180番くらいの紙ヤスリを貼り、下端をこすりつけて平面に仕上げる。削りにくいと思ったら、120番でもいいかもしれない。台直し鉋よりも操作が手軽な反面、紙ヤスリから剥離した粒が、刃に付着して刃こぼれを起こしやすいデメリットもある。作業後には刃から確実に粒子を落とすこと。

ガラス板と紙ヤスリをセットにした製品もネットなどで販売されている。

下端の平面出しは今後、頻繁に行うことになる。しっかり手順を身につけておこう。

下端調整に使う台直し鉋。下端の膨らんでいる部分をこそげ取るように削り、下端をフラットな平面に仕上げる

台直し鉋は下端の横方向に動かして削っていく。刃は0.2ミリほど刃口から出して、粉のような屑が出れば合格だ

鉋の引きを軽くするために3点を残し下端をすき取る

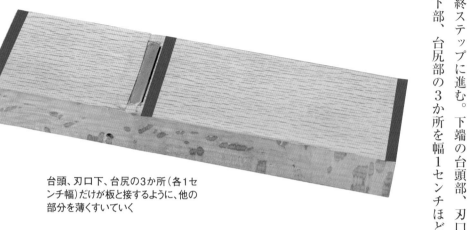

下端がフラットになったら、仕立ての最終ステップに進む。下端の台頭部、刃口の下部、台尻部の3か所を幅1センチほど残し、他を薄く削り取っていく。

台頭、刃口下、台尻の3か所（各1センチ幅）だけが板と接するように、他の部分を薄くすいていく

なぜそんなことをするかといえば、下端がフラットだと鉋と板が密着、摩擦抵抗が大きくなって鉋の引きが重くなるからだ。

この作業も2枚の刃を入れ、刃口から刃を1ミリくらい下げた状態で行う。

下端のフラット化と同様、台直し鉋を用いてこそげ落としていくのだが、削るのは紙の厚さ一、二枚分だけ。鉛筆で残す部分を書き入れておくと作業がしやすい。

前ページで紹介した紙ヤスリを使う方法でもOKで、板ガラスに貼る紙ヤスリの幅を狭くしてやれば削りやすい。このときも紙ヤスリの剥奪粒子が刃に付着してしまったら、必ず落とすよう心がける。

ところで、刃口下と台尻のみ残す、2点接地を勧める人もいる。2点接地は薄削りに向くが、DIY初心者はまずは基本の3点接地でスタートしたほうがいいだろう。

以上で仕立ての一連のプロセスは終了した。これでようやく使える手道具になったのである。次はいよいよ削りの実践だ。

台直し鉋を横に滑らせ、0.1ミリ程度削り落としていく

きちんとケアすればきちんと働く
さあ思う存分に鉋を使い倒そう

鉋
削り方

薄い屑を刃幅いっぱいに出す鉋マスターに向けての第一歩

向こう側が透けて見えるほど、薄い鉋屑を出して格好よく削りたい。DIY初心者にとっての憧れだろう。基礎基本をしっかり押さえれば、そう難しい話ではない。削り方のレッスン開始——。

刃口から刃をどれだけ出すかが切れ味のキモになる

裏金は鉋身から0.3ミリほど下げてセッティングする

快適な削りのために重要な鉋刃の出し方と裏金の調整

鉋の削り味を左右するのは、刃口からの適切な刃の出し方と、鉋身と裏金の刃先間の寄せ具合だ。これがうまく調整できれば、憧れの薄削りも可能になる。

とはいえ、緻密さが求められる作業だけに、最初は誰もが苦労するだろう。以下、手順をレクチャーしていく。

鉋台に鉋身と裏金を押し込み、鉋身の頭を玄能か木槌で軽く叩き、刃口からほんの少しだけ刃を出す。次は裏金の頭を叩いて、鉋身の刃先ギリギリまで寄せる。

このとき、裏金の刃を鉋身の刃より先に

出さないよう注意したい。

さて、裏金を叩いたことで、鉋身も押し出されて刃口から刃が余分に出てしまう。刃の出方は髪の毛一本分（およそ0・08ミリ）がいいとされ、下端の台尻方向から確認しながら台頭の両端を叩き、鉋身の刃を引っ込める。また、逆に引っ込め過ぎたときには、鉋身の頭を叩いて刃を出す。

これと同時並行的に、鉋身と裏金の刃先の間隔調整も行わなくてはならない。デリケートな作業だけに根気よく取り組もう。

鉋身と裏金の刃先の間隔だが、荒仕上げは0・9ミリ〜0・5ミリ、中仕上げは0・5ミリ〜0・3ミリ、上仕上げは0・3ミリ以下が標準だ。DIYなら0・3ミリくらいを目標に置けばいいだろう。

ということなのだが、髪の毛一本分とか0・3ミリといわれても、目視で行う以上、その数値どおりにいくはずもない。あくまで目安として捉え、数値を頭に入れておけば十分だ。プロの大工さんも、測って仕事をしているわけではない。

刃幅よりも広い面を持つ角材か板を用意、刃の出し具合や裏金の調整を変えながら、試し削りを繰り返す。その試行錯誤のなかで感覚的にわかってくるものがあるはずだ。ビギナー卒業の日もそう遠くない。

台尻方向から刃の出具合を確認。髪の毛一本分が目標

刃が出過ぎていたら台頭の左右を叩いて引っ込める

刃の調整では人差し指で裏金の頭を押さえ落下を防止

この姿勢を維持して削れ!!
プロが指南する鉋の操作法

企画にご協力いただいた、株式会社「工匠常陸」の社長・棟梁の中島雅生さんに、鉋の操作法をご教授願った。

中島さんは数寄屋造(すきやづくり)や寺社建築の専門家で、いうまでもなくプロ中のプロである。

削りの主役はあくまで利き手、逆の手は添える程度

まずは構え方から。利き手で鉋台をしっかり握り、逆の手の中指を鉋身にかけ、薬指と小指は台頭に軽く置く。

そして目と顎、肘、鉋を一直線のライン上にそろえる。このとき鉋を押さえる利き手の腕を深く曲げ、肘を落とし込むのがコツだと中島さんは説明する。

で、このフォームを保持したまま、下半身だけで鉋を後方に移動させて削っていくのだが、肩や肘は固定させ、高さを変えないようにするのが大事だと続けた。

切削中は鉋身側の手は添える程度にし、利き手だけに力を入れ、台を押さえつけずに、滑るように引くのが肝心だという。

刃口からの刃の出し方については、こうアドバイスしてくれた。

腕力のある人は刃を多く出してもいい。一方、力のない人は、逆に引っ込めがちにしたほうが削りやすい——。

髪の毛一本分という刃の出し方も、人によって変わるということである。

なお、鉋は縦置きにして保管するという解説がよくなされるが、長時間この状態にしておくと、風があたる面積が増えることから、台に歪みが出やすくなると中島さんは指摘する。作業中に手を休めるときだけにしたほうがいいとのことだ。

中島さんのアドバイスを参考に、読者もレッツトライである。

写真の下は失敗例だ。移動中に上体のフォームが崩れ、鉋屑がグシャグシャになってしまった

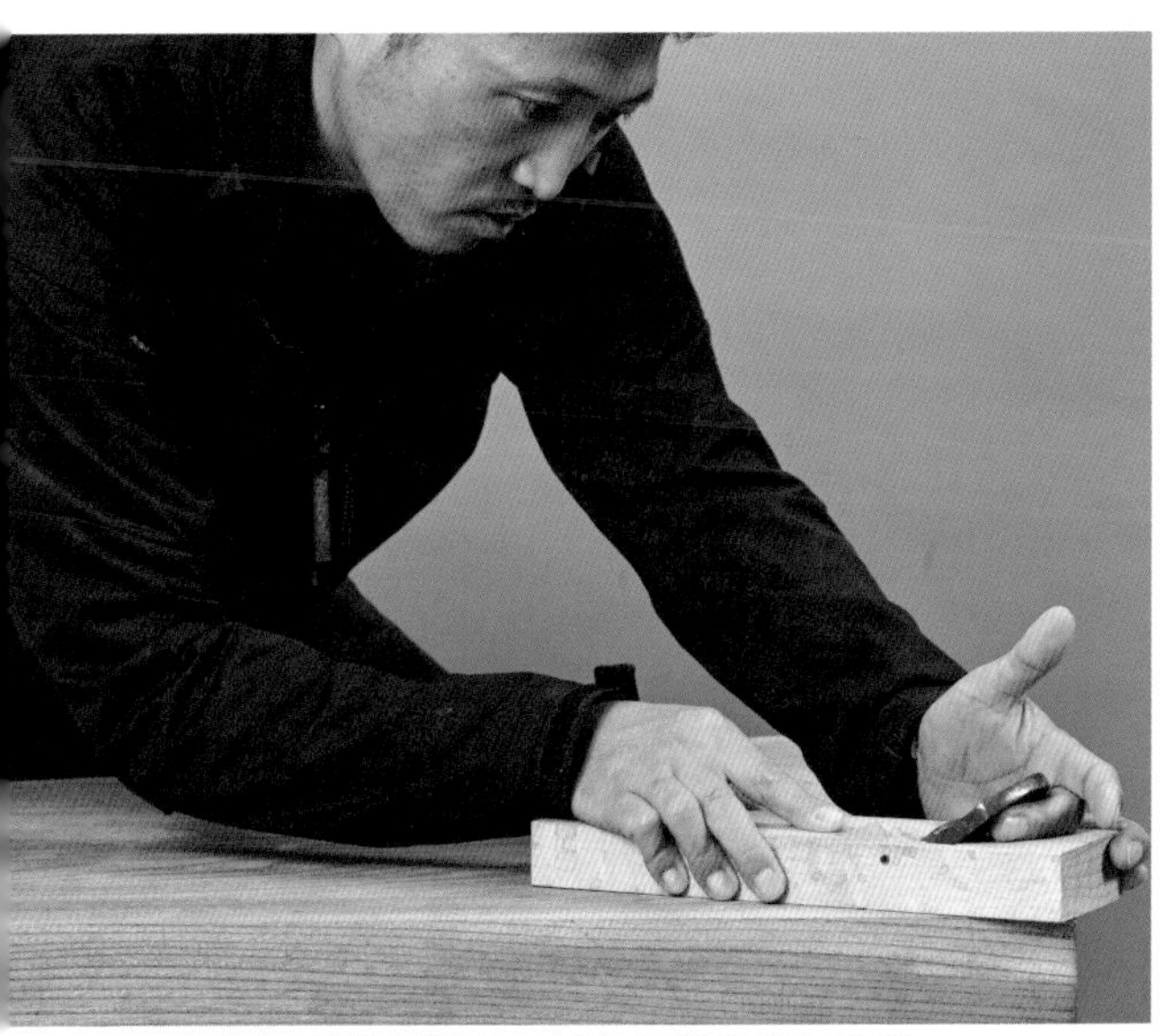
上半身は態勢を崩さないようし、下半身だけで移動

視線、顎、肘、鉋をライン上にそろえて削っていく

なぜ上手に削れないのか？代表的失敗例の傾向と対策

ここではうまくいかない典型的な事例を挙げ、それの改善策を述べていこう。

初心者を悩ますのが、鉋屑が刃幅で出てこないケースだ。刃幅いっぱいに鉋屑を出すことは、鉋削りの基本中の基本である。

刃が刃口から傾いて出ていないか。まずはこれを確認する。鉋身を叩いて修正するが、いつも傾いて出てくるのなら、台の表馴染みと鉋身のフィッティングを見直す。

研ぎがまずく、刃の左右に偏りが生じている可能性も否定できない。研ぎ方を再考すべきだろう。また台の歪みが原因の場合もあり、仕立てをやり直せばクリアできる。

削る際の態勢のブレも、刃幅いっぱいに鉋屑が出せない要因の一つといえる。鉋の移動の仕方をチェックしよう。

鉋屑が厚いので、刃をわずかに引っ込めたら、今度はまったく削れなくなった――。刃がきちんと研がれていないか、下端調整に不備があると思われる。

鉋屑がチリチリになったり、丸まったりすることもよくある。鉋身と裏金の合わせ方に問題があるからで、鉋身の刃先に寄せすぎると鉋屑がチリチリになり、逆に間隔が広いと丸まって出てくる。

裏金の調整では、あえて逆目を削ってみる。板面が荒れる逆目立ちが起きるのなら、裏金と鉋身の刃先の距離が遠いということになり、裏金を叩いて修正する。

鉋屑が刃口につまるケースもよく起きる。刃口に対して刃が傾いて出ているか、鉋身と裏金の刃先間に隙間ができてしまっているかが要因で、仕立て直しをすれば問題は解決できるはずである。

手を休めるときには刃を傷めないよう縦置きにする

腕を上げるためのプログラム 天板削りでテクニックを磨け

鉋のことが随分わかってきたのではないだろうか。しかし、作品づくりに取り組むのはまだまだ早い。プロが教えるトレーニング方法で、まずは特訓すべし!! 削り方が格段にアップするだろう。

天板の平面出しでは出っ張った部分だけを鉋で削っていく

薄削りに走ると上達しない 平面出しが鉋がけの基本だ

多少削れるようになると、どうしても薄削りに関心が向きがちだ。成果が目に見えるだけに、やっていて楽しい。

だが、薄削りは手段であって、目的ではないと工匠常陸の中島雅生さんは語る。

それよりも、地道に天板の平面出しに取り組んだほうが上達すると続けた。

では、平面出しはどうやるのか――。

天板はできるだけ幅広のものを入手し、むしろ節はあったほうが練習になると中島さんは補足する。

平面出しは天板に生じたデコボコを削り、平らにならしていく作業だが、まずは全面を木目方向に削り、さらに木目に対して直角方向や斜め方向にも鉋をかけていく。

また、順目だけでなく、逆目でも削ってみると勉強になるとのことである。

鉋は刃をやや出した中仕上げ用に設定して削り始め、徐々に刃の出し方を薄くする。

そして、出っ張っている山の部分だけをさらうイメージで削るのがコツだという。

駄目なのは、まだデコボコが残っている状態で長い鉋屑を出すこと。板に押しつけて鉋をかけているからで、余計なところまで削っている証しだそうだ。

なお、中島さんは削るスピードを変化させ、比較検討することも勧めている。

天板削りに取り組めば、実に多くのことが学べる

様々なシチュエーションで微妙な削り感の違いを体得

中島さんが推奨する天板削りは、実践に即した練習方法だが、この作業を通じ、どんなことを身につけてほしいのかを聞いた。

いろんな場所を削ることで、力の入れ具合などを、理屈ではなく体に覚えさせることができる点をまず挙げた。

また、刃の刃口からの出し方による違いを実感してもらいたいと話す。

「厚く出すと表面が荒れやすくなり、薄くすればたしかに削りやすくはなるものの、木面の艶は失われます。木肌の艶は刃を厚くしたほうが出やすいんです」

ほんのわずかな差で、削り面が変わってくる。鉋とはなんとデリケートなのか。

艶に関していえば、

「鉋を早く引けば艶が出て、ゆっくりかければ艶が出にくい。でも、早く引くと木目が荒れるというリスクも生じます」

刃を厚く出すか、薄く出すか。早く引くか、ゆっくりと引くか。この微妙な塩梅（あんばい）が、鉋がけのキモだと中島さんは強調した。

プロはそんなことを考えながら鉋がけをしている。二律背反（にりつはいはん）となる艶と表面の荒れの関係。天板削りでそれを体得しよう。

さて、板によって硬い部分と軟らかい部分が存在する。その性格に合わせて削っていかなくてはならないが、力の入れ加減も、このエクササイズで学ぶことができる。

中島さんは、削る前と後に必ず掌で切削面をなでろという。一回の削りで面がどう変わったか。それが意図どおりだったかを確かめるためだそうだ。

天板削りで総合力をアップ。すぐにでも始めたくなったのではないだろうか。

削る前後で板面がどう変わったかを必ずチェックする

鉋
研ぎ方

切れ味の生命線は研ぎにあり 鉋操作における最後の関門!!

鉋は刃物だけに、お約束なのが研ぎである。これが一筋縄ではいかず、DIY初心者を悩ませる。しかし、攻略しないことには鉋は使えない。ともあれ、研ぎの概略からガイダンスしていこう。

最初から完璧を求めないで 修業だと捉えて取り組もう

大工さんの世界にはこんな言葉がある。「穴掘り3年、鋸5年、墨かけ8年、研ぎ一生」――。

鑿(のみ)のホゾ穴掘りは3年、鋸は5年。さらに墨つけは8年頑張って修業を積めば一人前になれるが、鉋と鑿の研ぎだけは一生かけて極めるものだ。そんな意味である。

研ぎははっきりいって難しい。SNSのハウツー動画には諸説があふれているが、奥の深さの反映といえるだろう。

そんなわけで、初心者が一朝一夕にクリアできるものではない。肩の力を抜いて、気軽に取り組もう。

なお、130ページからの砥石の解説で、研ぎ方などをくわしく説明している。合わせて読んでいただきたい。

鉋の研ぎで、まず手をつけなくてはならないのが裏押しだ。

仕立てのページでもふれたが、刃裏の平面性が切れ味を左右するため、窪んだ裏スキを囲む糸ウラ部を研ぐ。

糸ウラがなくなってきた場合などに、刃先を裏側に曲げる裏出しと言葉が似ているので、混同しないようにしよう。

裏押しが完了すれば表側の鎬面(しのぎめん)を磨いていくが、刃先の直線を厳守したい。

初心者は刃先の左右に偏りを生じさせたり、アールをつけてしまったりしがちだ。これでは鉋は上手に削れない。

うまくいかないようなら、研ぎ用のガイド機器が比較的安価で市販されているので、購入するのも手である。

刃表の研ぎでは、刃の両側にある耳の研磨も行う。耳をほんの少しだけ丸め、部材も削った部分に段差（鉋枕や鉋境と呼ぶ）が生じるのを防ぐためだ。

ただし、砥石上で数回、軽く引く程度に留め、研ぎ過ぎないことが大事である。

さて、裏金も場合によっては研がなくてはならない。滅多にないが、刃の平面性が失われたときだ。

裏金についている刃は、別に木材を削る

わけではないので、#1000番くらいの中砥石で研ぐだけにし、仕上げ砥石でシャープに磨き上げる必要はない。

むしろ大事なのは、刃先の二段研ぎ。裏金は逆目立ちを抑える役目を担うが、そのために刃の先端をやや鈍角にしている。この部分の角度を調整するのが二段研ぎだ。

逆目立ちが目立つようになら、二段研ぎで裏金の刃先の角度を調整してやればいい。

刃表の研ぎでは指でしっかり押さえ、角度を変えないように研ぐ

初心者が裏押ししやすい、砥石に対して直角に研ぐ横研ぎ

どのタイミングで砥ぐのか 鉋が発するサインを知ろう

作業の前か後、刃は必ず研がなくてはならない。そう思っている人もいるだろう。たしかにプロの大工さんでそうしている方もいるが、DIYレベルなら、そこまで神経質にならなくてもいいのである。

とはいえ、研ぎが必要になるサインだけは知っておきたい。

「鉋の引きが前よりも重くなった」

刃先が鋭利さを失い、丸くなったり、傷だらけになったりしている可能性が高い。最もわかりやすい研ぎのサインだ。

「切削面に色艶がなく、荒れている」

刃に小さな欠けが生じている証しだ。拡大ルーペで見ると刃先の荒れ具合がわかる。

「ふれると刃先がガサガサしている」

これも研ぎの重要なサインである。作業中、ときどき指先でさわって確認する。

「削った木肌に傷が残り、鉋屑が千切れる」

間違いなく刃先に欠けができている。目視でわからないような欠けならまだいいが、そうでないとダイヤモンド砥石による荒研ぎからという、本格的な研ぎが必要になるだろう。時間も相当かかるはず。

以上が主な研ぎのサインだが、薄い鉋屑が刃幅いっぱいに出せているのなら、研がずにそのまま作業をしていい。

これは台直しにも通じることで、多少歪みが出ていても、削れるのなら問題はない。

デリケートでありながら、それなりに融通が利く。研ぎもしかり。ある程度アバウトさを交えて取り組めばいいのである。

手厚いケアを十全に施すこと 愛用鉋の能力を保持する秘訣

鉋は注文が多い道具といわれ、あれこれケアを要求してくるわがままな存在だ。その一方で、リクエストに応えてやれば、素晴らしい働きをしてくれる。とにかく、メンテナンスを怠りなく。

刃裏の裏スキを囲む糸ウラがなくなると削りに支障がでる

糸ウラがすり減ってきたら 鎬面(しのぎめん)を叩いて裏出しをする

研ぎを繰り返すと、刃裏の糸ウラが研磨で失われていく。さらに研ぎ続けると、糸ウラが消滅し、裏切れという状態になる。こうなると快適な削りはもはや望めない。

糸ウラの消滅を防ぐのが裏出しで、刃表の鎬面を玄能で軽く叩いて刃先を刃裏側に曲げ、糸ウラを復活させていく。

叩くのは鎬面の地金の部分で、非常にデリケートな作業なので、慎重に取り組もう。

裏出しは、裏押ししても砥石にあたらない部分が生じていて、どうしても平面にならないときにも用いるテクニックだ。

金床の上で鎬面の地金部分を叩き、
刃先を裏側に曲げていく裏出し作業

コンディションの維持にはきめ細かなメンテが不可欠

昔の大工さんは、鉋を日向に置きっぱなしにしたり、誤って水をかけたりしたら、親方からどやしつけられたそうだ。鉋台に狂いが生じるからである。

風のあたる場所に放置する、湿気の多い場所で保管するなども、台に反りや捻じれを生む要因となり、中島雅生さんの工匠常陸では、注意深く管理しているという。

さらに、雨の日には鉋を布で覆い、湿気の侵入を防ぐとも語る。さすがにプロは徹底している。DIYレベルの私たちも、参考にすべきだろう。

また、保管においては裸で置くのではなく、鉋袋への収納がマストだと中島さんは続ける。布製の鉋袋自体はそう高くない。鉋と同時に購入したいものだ。

保管する際は刃を抜かず、刃先を傷めないよう、刃を少しだけ刃口から引っ込めておくのがベストだとされる。

だが、中島さんは刃を入れるだけでなく、刃を髪の毛一本分出した状態にするという。

刃を下げただけでも台は狂うからで、鉋袋に入れて収納している限り、刃先が傷つく心配はないからだと補足した。

高度な削りを考えている人なら、中島さんのやり方を採用してもいいかもしれない。

ちなみに、油台といって、鉋台に油をしみ込ませて保管する方法を勧める人もいるが、やったほうがいいのだろうか。鉋台の狂いを防げるとのことだが……。

「昔の人はやっていましたが、油台を推奨する人はもはや少数派。削る材が汚れるので、ウチでは絶対にやりません」

もはや過去の保管方法のようである。

油に関しては、刃に直接油を塗るのではなく、油を含ませた布で拭くくらいがちょうどいいと中島さんは話した。

鉋を自分のものにするためには、メンテナンスや保管にも細心の注意を払おう。そうすることでパワーが発揮されるのだ。

布製の鉋袋に収納すれば、刃を出した状態で保管できる

布製に加え、ビニールレザーほか様々な鉋袋が市販される

Interview

腕を上げたいと思うのなら まずは道具を好きになれ

本誌で技術指南をお願いし、大工手道具の撮影に協力いただいたのが、茨城県土浦市に拠点を構える株式会社「工匠常陸」だった。同社の経営者で棟梁も務める中島雅生さんに、道具についての持論を披露してもらった。

工匠常陸(こうしょうひたち) 代表取締役・棟梁
中島雅生(なかしままさお)さん
大学卒業後、大工に。数寄屋建築や社寺建築を京都で学び、平成30（2018）年、茨城県土浦市東並木町に株式会社 工匠常陸を設立。一級建築士、宅建に加え、ファイナンシャルプランナーの資格も有する。
☎029-869-8915
https://kousyou-hitachi.com

京都にある名門で研鑽(けんさん)重ね 数寄屋造(すきやづくり)と社寺建築を習得

大工さんの工房は、道具類が散乱し、どちらかというと雑然としているところが多い。だが工匠常陸はスッキリと片付き、整理整頓が行き届いていた。

所有する鉋(かんな)、鑿(のみ)、鋸(のこぎり)はそれぞれ100丁以上で、使用目的や仕事順、さらに作業の導線を考慮し、効率を追求した収納を徹底しているとのことだ。

また、床には軟らかい材である杉が一面に張られているが、誤って道具を落としても、刃先を傷めないためだとか。

鑿などは、鋼部分がなくなるまで使い続け、必要がなくなった道具も、工夫して別の用途に活用できるようにしていた。

これらから道具への愛と、モノづくりに対する真摯な姿勢が垣間見えた。

そんな工房で、工匠常陸の代表取締役にして棟梁を務める中島雅生さんに、道具について語ってもらった。

その前に、中島さんの経歴にふれておく。大学は卒業したが、打ち込める仕事が見つからない。実家のある茨城県常陸太田市にもどり、遊んでいるのもなんだからと、たまたま近所の工務店でバイトすると、大工仕事の面白さに突如目覚めたのだそうだ。

中島さんが自作した墨壺。数寄屋大工としての腕の確かさがうかがえる

工匠常陸が建てた、茨城県ひたちなか市にある日蓮宗一乗山無二亦寺（むにやくじ）の山門と透かし塀

「何かパチンと、はまった感じでしたね」

その後、数寄屋造を学ぼうと京都の名門・中村外二工務店の門を叩き、金閣など寺社建築を手がける北村誠工務店でも研鑽を重ねた。修業を終え、数寄屋造と寺社建築の工匠常陸を設立、という流れである。

ひたすら鑿や鉋の刃を研げ それが上達の第一歩となる

大工手道具は、使えるように育ててやらないと駄目だ——。長年、道具と親密につき合ってきた中島さんはそう話す。

「買った段階の完成度は、まだ1割くらいだと思っています。プロの大工がつくったものではなく、あくまで鍛冶屋（かじや）さんの手によるもの。それを実際に現場で役立つ、完璧レベルの10割にどう近づけていけるか。いつもそれを考えています」

たしかに鉋や鑿は、仕立てや研ぎといった作業前の下準備が欠かせない。だが、それだけではないと中島さんは続けた。

「京都での修業時代、腕のいい先輩たちの手道具を見せてもらいました。一見何もいじっていないようで、実は彼らはめちゃめちゃ自分の道具に手を加えていたのです。これには正直驚きました」

理由を聞くと、その人なりの理論を語ってくれる。説のなかには怪しいものもあったが、道具を自分の手足のように使いこなすために、試行錯誤しながら、改造していくという姿勢に感動すら覚えたそうだ。

道具は進化させていくもの。それを中島さんは先輩たちから学んだ。

「買ったものに満足してしまえば、その道具が使いづらいかどうかも判断できません」

大工手道具の醍醐味は、自分の手で育てていけることだといわれる。つまりはこういうことのようだ。

そして、こんな言葉を口にした。

「道具好きの人のほうが確実に上達は早い」

では、どうすれば道具好きになれるのか。

「最初の工務店で親方から鑿をもらい、それをとにかく研げといわれ、毎日砥石に向かいました。すると鑿への愛着が深まり、道具が大好きになったのです」

ある有名な社寺建築の名人も、新人にはひたすら研ぎを命じるという。

DIY初心者も、心を無にして鑿や鉋の刃を研ぐ。それがうまくなる第一歩だった。中島さんからの貴重なアドバイスである。

展示場の中央に立つ唐招提寺金堂の実物大の組物模型　◎写真提供／竹中大工道具館

待っているのは発見と感動。
大工道具の歴史や文化、
さらに名工たちの偉大な足跡まで、
ここにくれば何でもわかる。
それが竹中大工道具館だ。
手道具ファンは好奇心を全開にしてGO!!

TAKENAKA CARPENTRY TOOLS MUSEUM

国内唯一の手道具に関する博物館

神戸「竹中大工道具館」はDIYのワンダーランド

大工手道具を3万点余収蔵 ゼネコンの竹中工務店が創設

山陽新幹線「新神戸駅」の中央改札から歩いてすぐ。新幹線のホームからも見える林のなかに竹中大工道具館はある。

和式の邸宅風の門をくぐると、木立に包まれた、ガラス張りの瀟洒（しょうしゃ）な平屋の建物が見えてくる。ここが道具館の本館で、展示スペースは地下に二層設けられていた。

この建物自体が興味深い。軽みを演出した淡路瓦の屋根に、貴重な聚楽土（じゅらくつち）を入れた漆喰の壁、さらに広くせり出した軒の見事さや、杉材を組み合わせたロビーの舟底天井など、建築に関心がある人なら、細部を一つひとつチェックしたくなるだろう。

道具館を創設したのは、大手ゼネコンの竹中工務店だ。木造建築の粋を結集させ、一流の職人を起用して建てたという。

さて、竹中大工道具館はすでに40年ほどの歴史を有する。昭和59（1984）年、優れた大工手道具の収集・保存と、名匠とされる道具鍛冶（かじ）たちの精神を後世に伝えるため、神戸市中山手通に開設された。

そして平成26（2014）年、30周年の

地下二階の展示場にある「木を生かす」コーナー。樹木による材質の違いを学べる　◎写真提供／竹中大工道具館

節目にこの地に移転し、今に至っている。現在においても、大工道具をテーマにする本格的ミュージアムは国内でここだけだ。

大工道具は消耗品であり、使い終われば廃棄されるのが通例。それを文化遺産として保存し顕彰する視点は意義深い。道具の素晴らしさを知ることで、日本人の精神や英知もそこから浮かび上がってくる。

道具館では3万点以上を収蔵し、常時1000点を展示している。特別展や講演会も積極的に開催し、情報発信にも熱心だ。

手道具の進化にともなって建物の建築法が劇的に変化

ロビーから地下の展示場に下りていくと、出迎えるのが、展示空間の中心部に立つ丸柱に載った組物だ。奈良時代に建てられた、唐招提寺金堂の実物大の模型で、宮大工の小川三夫氏が忠実に再現した。

こんな複雑な組物が、台鉋（だいがんな）や本格的鋸（のこぎり）が伝来していない時代につくられていたとは。古代の大工の技量には恐れ入った。

さあ、いよいよ館内めぐりである。道具館は七つのコーナーを用意するが、全体的な知識を深めるために、まず「歴史の旅へ」コーナーに足を向けるのがいいだろう。

石斧だけだった縄文時代以降、様々な手道具が中国から伝わり、それにともない木材の加工法や建物の建て方が変化していく。

最大の変革をもたらしたのは鋸だった。室町時代に和室の原形となる書院造が生まれたのは、鋸で薄い板や細い角材が手軽につくれるようになったからだ。このコーナーで学べることは多い。

入口の門をくぐると見えてくる大工道具館の建物。樹木の緑と調和した名建築だ。和式建築の粋を数々導入した

「棟梁に学ぶ」では、大工職人の匠（たくみ）が道具とどう対話しながら仕事を進めていくかが

語られ、道具に対する考察を深められるのが「道具と手仕事」コーナーだ。

地下一階の展示スペースには、「世界を巡る」というコーナーもある。海外の手道具が紹介され、それらと比べれば、木材の加工精度に対するこだわりが強いなど、日本人ならではの感性が浮かび上がってくる。

手道具に魂を吹き込もうと全身全霊を傾けた名匠たち

地下二階には三つの展示コーナーがあり、「和の伝統美」には京都大徳寺、玉林院蓑庵の実物大構造模型が置かれている。

部材をむき出しにした茶室の模型で、数寄屋大工の技術の冴えが、繊細な造作として表現される。この至高の技を目にすれば、日本建築の奥深さに圧倒されるはずだ。

次は「木を生かす」コーナーへ。樹木の種類による木材の性質について学べる。11本の木種の違う柱を立てた展示は秀逸だ。

最後は「名工の輝き」コーナーに足を向けたい。千代鶴是秀や二代目宮野鉄之助、二代目・三代目善作ほか、道具鍛冶の巨人たちの品々が間近に眺められる。

彼らは工芸品をつくるつもりなど毛頭なく、名を遺す野心もなかった。ただ客の求めのさらに上をいくことを目指し、工房の片隅で日々、手打ち作業に心血を注いだ。それが「用の美」として人々を魅了し、高い評価を得ていったのである。

魂が入った道具とはこういうものか。そんな感銘が余韻として残る。

以上、七つのコーナーをめぐってきた。道具館では直接手でさわれる、ハンズオン展示を極力採用している。理解度を深める素晴らしい工夫といっていい。

日本で唯一の大工道具の博物館は、まさにＤＩＹのワンダーランドだった。

展示された千代鶴是秀の鉋刃「神雲夢（しんうんむ）」と玄能の「山彦（やまびこ）」。手道具界を代表する名品だ

鋸鍛冶の最高峰、二代目宮野鉄之助。鉄之助は洋鋼に背を向け、日本古式である玉鋼からの鋸製作にこだわった

竹中大工道具館
兵庫県神戸市中央区熊内町7-5-1
☎078-242-0216

●開館時間／9:30～16:30 ●入館料／一般個人＝700円 ●休館日／月曜（祝日の場合は開館、休館はその翌日）・年末年始
●アクセス／山陽新幹線「新神戸駅」中央改札から徒歩約3分、神戸市営地下鉄「新神戸駅」北出口から徒歩約3分
https://www.dougukan.jp

第2章

挽く道具——鋸(のこぎり)

三大大工手道具のうち最も身近なのが鋸だろう。誰もが一度は手にしたことがあるはず。その反面、挽けば切れるとおざなりにされがちだ。鋸には木を切断するための、数々な工夫が施されている。素晴らしさを見直そう。

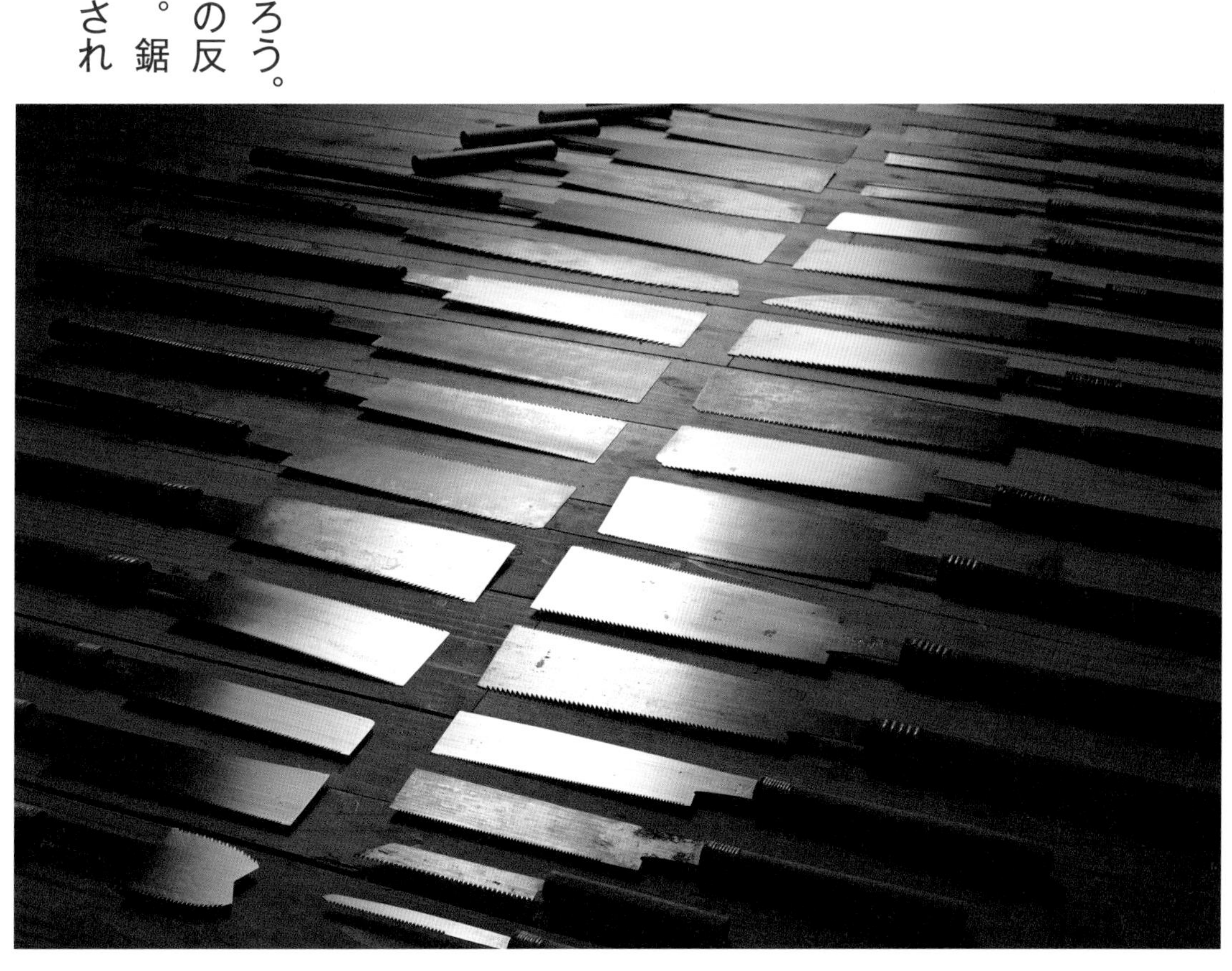

替え刃式全盛の時代でも光る 鍛冶が鍛えた手打ち鋸の魅力

替え刃式に押され、鍛冶職人が製作した手打ち鋸は旗色が悪い。口の悪い人にいわせれば、もはや「絶滅危惧種」だとか——。しかし、歴史と伝統に裏打ちされた手打ち鋸の魅力は色褪せない。

製作した鍛冶職人に敬意を払いつつ手打ち鋸を挽く

製作者と交感しながら作業 手打ちならではの挽く喜び

鋸といえば替え刃式の時代になってきた。一丁の片刃鋸で縦・横・斜めが切れ、ボンドで固めた厚い合板さえも切断できてしまう。切れ味が鈍れば刃を交換するという手軽さで、価格も極めてお手頃だ。

おまけに、刃先だけに瞬間的に焼き入れする最新技術が用いられ、切れ味は鋭い。

鍛冶職人が手づくりした、手打ち鋸が劣勢を強いられるのも当然だろう。

それでも、あえて手打ち鋸をオススメするのは、手打ちならではの面白さ、楽しさを味わってほしいからである。

手打ち鋸には営々と築き上げてきた技術の積み重ねがある。職人たちはそれを駆使し、さらに磨き上げて購入者に届けてきた。一つの文化と呼んでもいいかもしれない。

手打ち鋸を手にするとは、真摯な態度でモノづくりに励む職人にリスペクトを捧げ、職人の思いと「会話」することだ。

音楽CDと替え刃式の本格的登場は、ほぼ同時期だった。替え刃式が便利で高音質のCDなら、手打ち鋸はアナログレコードだろう。アナログ盤が昨今注目を集めるように、手打ち鋸も復活してほしい。

替え刃式とは別ジャンルのアイテムとして、ラインアップに加えてみてはどうか。きっと愛着が湧くはずだ。

鋸板に発生する歪みに対処手打ち鋸に施された工夫

ここからは手打ち鋸の話である。

手打ち鋸には縦挽き用と横挽き用があり、木の繊維方向に切るのが縦挽き鋸で、繊維を直角に切断するのが横挽き鋸だ。

明治になって横挽き鋸と縦挽き鋸を合体させた両刃鋸が普及し、手打ち鋸のスタンダードとして現在に至っている。

さて、鋸は鋼の板からつくられる。そこに刃を刻み、ご存じのように手前に挽くことで木を切断する。鉋同様、海外の押すスタイルとは逆なのがユニークな点だ。

一枚の鋼ではあるが、厚さは均質ではない。柄側の「元」が厚く、先端である「先」に向かって薄くなっているのだ。厚みを変えるのは、鋸板を変形させせない工夫である。

切断中に一番熱を持つのは刃先だが、鋸板の中央部とは温度差が生じ、膨張率の差によって歪みができる。それを解消するため、鋸身の中央部を薄く透き、熱による膨張をそこで吸収している。

鋸にはそんな力学的な考察も加えられていた。快適に挽ける秘訣の一端だ。

[両刃鋸のパーツ名称]

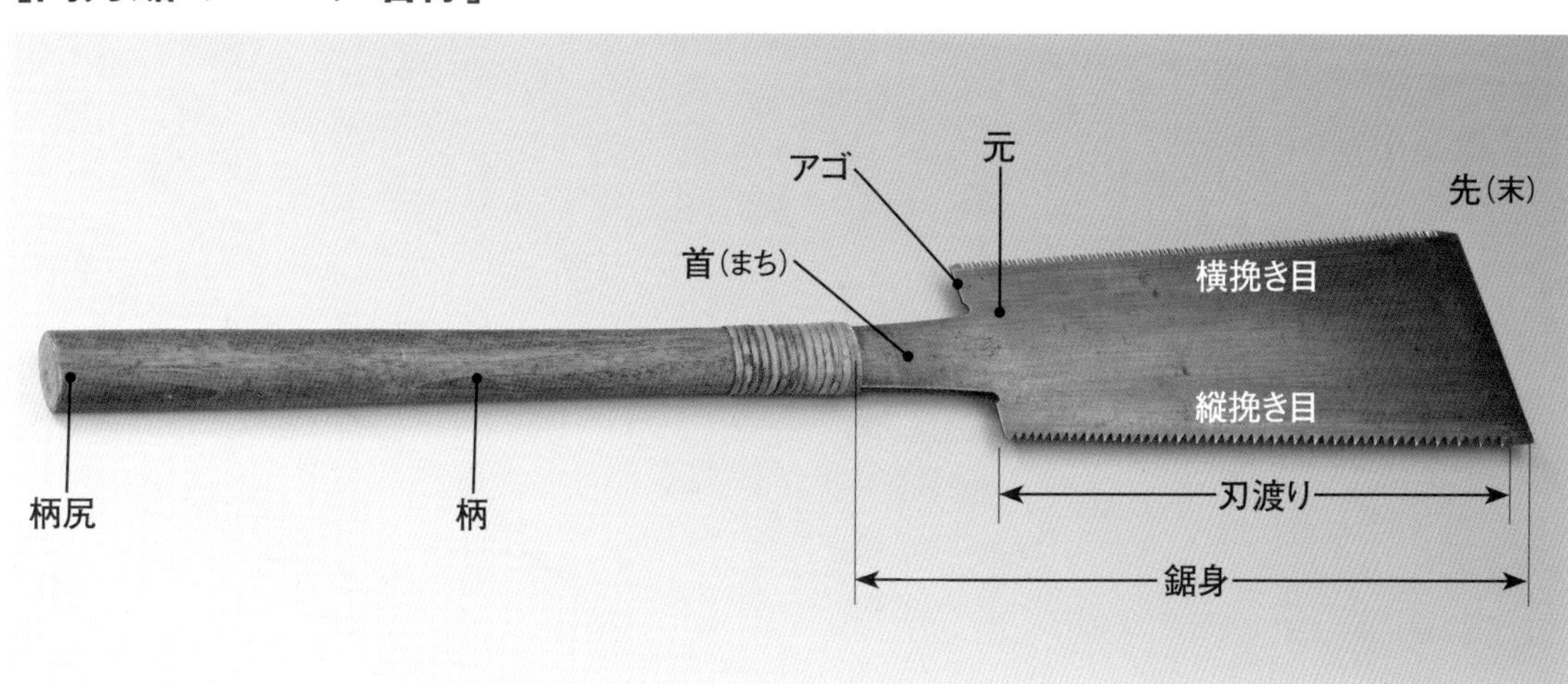

今でも「寸」が使われている手打ち鋸のクラス分け表示

替え刃式は、刃のついた刃渡りの長さをミリ単位で示してサイズ表示する。対して手打ち鋸は尺貫法（しゃっかんほう）の寸を用い、「八寸」「九寸」などと寸法表記をしている。

古い慣習そのままで、示された寸長は、刃渡りでも鋸身の長さでもないから話がややこしい。ちなみに一寸は約30・3ミリだ。

寸表示は「刃渡りの長さ＋一寸」と覚えていただきたい。つまり八寸の鋸では、刃渡りは七寸ということになる。

手打ち鋸はサイズにかかわらず、並んでいる刃の数がほぼ同じだから、寸が上がるごとに一枚一枚の刃が大きくなっていく。

なお、「寸○枚」という表示をされることもある。一寸の長さの間に、何枚の刃が植え込まれているかを示したものだ。

また、ピッチ表示もされるが、これは一枚一枚の刃の間隔のことである。

寸○枚とピッチ表示は、刃が均等に並んでいる横挽き鋸にのみ用いられる。刃が先に向かって大きくなっていく縦挽き鋸では、両表示ともに意味をなさないからだ。

縦挽きと横挽きで異なる刃形 摩擦抵抗を軽減する仕組みも

前述したように、手打ち鋸には縦挽きと横挽きがある。それぞれの刃は形状が違っていて、力学的にも的を射た構造をしている。さらに鋸板と材を密着させない「アサリ」も装備。鋸は面白い。

両刃鋸の片面にある縦挽き鋸は木の繊維に対して平行に挽く

縦挽き鋸の刃の目。ほぼ同じ形状の鋸刃が一列に並んでいる

縦挽きは鑿（のみ）で横挽きは小刀 それが直線状に並んでいる

左ページ中段の写真は、縦挽き鋸の刃のアップで、その下の写真は横挽き鋸の刃の拡大だ。違いは一目瞭然で、木の繊維方向に切る縦挽き鋸の刃は、横挽きよりもシンプルなつくりになっている。

縦挽き鋸の刃はよく鑿に例えられる。鋸の裏刃が鑿のように、木材をすくい取っていくのだ。そんな刃が一列に並んでいる。

繊維方向は木材が軟らかくて挽く抵抗が少ないため、比較的単純な構造の刃で対処できるからだ。

また、縦挽き鋸の刃は、手前から先端に向かって徐々に大きくなっていく。鋸を挽くと、削れる量がしだいに増え、溝を深く掘ることができるという仕組みだ。

よくよく練られた構造で、理由があって刃の大きさを変えていた。鋸はただ刃がついた手道具という認識を改めよう。

一方、横挽き鋸の刃は、縦挽きに対して複雑な形状をしている。

横挽きは木目に沿って伸びる繊維を垂直方向に断ち切るため、挽く際の抵抗が縦挽きよりもはるかに大きい。

そのため横挽き鋸の刃は、縦挽きよりも小さくつくられている。繊維を細かく切っていこうということである。

ただし、刃を小さくすれば挽きやすく、

切断面もきれいになるが、その分、挽く回数は増えてしまう。縦挽き鋸にもいえることだが、挽きやすさ、切断面の美しさ、挽く回数を天秤にかけて、頃合いを見計らって刃のサイズを決めたというわけである。

なお、横挽きの刃列は、柄に近い元から先までサイズが均等につけられている。この点も縦挽きとは対照をなす。

さて横挽きの刃は、一枚の刃の片面だけに切り刃が設けられている。

切り刃は両サイドの二辺だけでなく、頂部にも刻まれる。

この二辺の切り刃を「ナゲシ」、頂部を斜めにカットした切り刃を「上目（うわめ）」と呼んでいる。

そして、切り刃がついた面を「表目」、切り刃が刻まれていない面を「裏目」と称し、表目と裏目を交互に配列させていく。それが横挽き鋸の構造だ。

縦挽きの刃が鑿なのに対し、横挽き鋸の刃は小刀に例えられるが、刃の形状を知れば納得だろう。小さな小刀でスパッと繊維をカットしていく。それが横挽き鋸だった。

上目という頂部に設けられた切り刃も、横挽きでは重要な役割を果たす。木材により鋭く切り込むことが可能になり、挽くときの力の軽減に貢献している。

縦挽き鋸と横挽き鋸の違いをご理解いただけただろうか。単なる刃の大小の差、その程度に捉えていた人もいただろう。

両者の刃の形状を変えるという「発明」が、いつ頃なされたかは不明だ。だが、鍛冶（かじ）職人たちの絶え間ない鋭意努力のなかから生まれたことは間違いないだろう。

さて、横挽き刃に形状が似た「茨目（いばらめ）」（次ページ下段写真参照）という鋸もある。刃

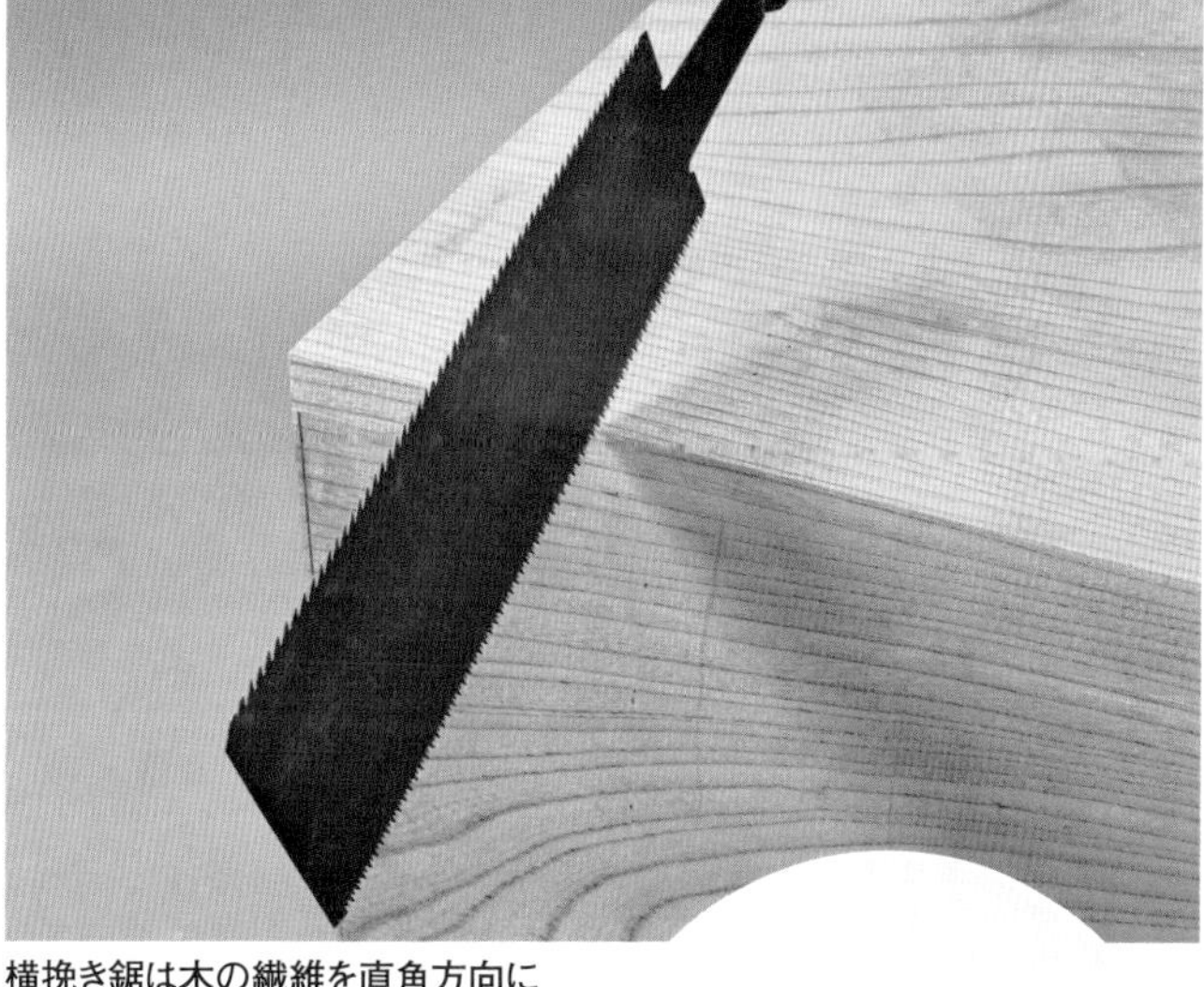

横挽き鋸は木の繊維を直角方向に切断するために使用する

切り刃が刻まれた表目と刻まれない裏目が交互に並ぶ横挽き鋸

表刃
裏刃

縦挽き鋸の刃には裏刃と表刃があり、裏刃の一枚一枚が木をすくい取るように削っていく

ナゲシ
上目
表目
裏目

横挽き鋸の刃には、三方に切れ刃が設けられた表目と、そうでない裏目が交互に並ぶ

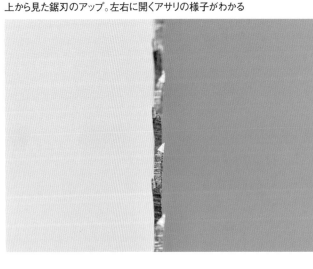

の二辺に切り刃があるのは横挽き鋸と同じだが、頂部に上目が設けられていない。

茨目は横挽き刃の登場以前の形態とされ、その後、江戸で現在の横挽き刃が誕生し、横挽きの主役を降りた。

そんな事情から、横挽き刃のことを「江戸目」と呼ぶこともある。茨目は、今では一部の大工さんが斜め切りやベニヤ切りに使うくらいで、市場から姿を消しつつある。

上から見た鋸刃のアップ。左右に開くアサリの様子がわかる

鋸刃を交互に左右に開いて挽きやすくする優れた構造

鋸にはアサリがある——。こういわれてピンとくる人はそう多くはないだろう。

アサリは刃振り(はぶり)ともいい、鋸の刃を交互に外側に向かって曲げる。開いたアサリ貝の貝殻に似ていることから、この名前がついた。ただし、アサリ貝とは違い、鋸刃は互い違いに振り分ける。

なぜアサリを設けたかというと、鋸の板厚よりも切り幅を広くしないと、板と鋸が互いに密着して挽きにくくなるからだ。

さらに厚い材料を切ったときに、鋸が挟まって抜けなくなる。

板厚と切り幅が同じなら、削った溝の内部に大鋸屑(おがくず)がつまり、外に排出できない。

そんな問題を解決するのが、アサリというわけだ。少ない力で抵抗なく楽に挽け、サラサラと大鋸屑が出てくるのは、この機能のおかげだった。

アサリは縦挽き鋸、横挽き鋸ともに設けられ、両刃鋸では両者の刃の振り幅をそろえるのが鋸職人の腕である。

そうしないと、振り幅の大きい刃が木に引っかかってしまうからだ。

なお、アサリのない鋸も存在する。木工では細い円柱の木材を穴に入れ、埋め木をすることがある。その埋め木の出っ張りを切断する小型の鋸がそれだ。埋め木の周辺をアサリが傷つけないので重宝されている。

ところで、SNSではアサリの直し方をレクチャーする動画もあるが、初心者は手を出さないようにしよう。アサリに乱れが生じると、真っ直ぐには切れなくなる。ひいては鋸の変形を招いてしまうのだ。

鋸には鋸職人が経験則のなかから生み出した、様々な英知がつまっていた。鋸を見直してもらえただろうか。

頂部に上目がない茨目の刃。斜め切りが得意で、高度な仕事が求められるプロが愛用する

様々な知恵を秘めた手打ち鋸
手にするたび愛着が増していく

鋸ヒストリー

建築様式を変えた大鋸(おが)の登場 製材技術に大変革をもたらす

鋸は早くに伝来したが、建築道具として本格的に活躍するのは15世紀になってからだった。それはなぜか——。建築史と深くリンクする鋸。その変遷を追っていく。◎撮影協力＝竹中大工道具館

伐採には古くは石斧（下）、その後は鉄斧（上）が使われた

建築の現場では脇役の扱い 製鉄技術の未発達が要因か

鋸が中国から伝わったのは、弥生時代末から古墳時代にかけてのことだとされる。だが、くわしいことはわかっていない。

5世紀の古墳から、副葬品として納められた鋸（写真下）が発掘されているので、古墳中期には存在したことは間違いない。出土品は小型で、建築用ではなく細工に用いられたものだと考えられている。副葬するくらいだから、当時としてはかなり貴重な品だったのだろう。

さて、板を使った建物は縄文時代に始まり、古墳時代を経て、飛鳥時代には法隆寺

古墳から出土した鋸（複製）　◎写真提供／竹中大工道具館

など巨大な建物が建てられていく。

鋸も徐々に大型化し、建築道具に加わっていくのだが、飛鳥時代に至っても鋸で製材されることはなく、法隆寺建立においても、材木の長さを調整など補助的な役割を演じる程度だったという。

では、板はどうやってつくられたのか。寄り道して、そのあたりを見ていこう。

まずは木の伐採だが、斧で木を切り倒して柱をつくった。

中世までは丸太にクサビを打ち込んで割り、板をつくっていた

板を薄くするためのチョウナ（右）と仕上げ用のヤリガンナ（左）

ちなみに、弥生時代に朝鮮半島から鉄が伝播し、鉄斧が生まれた。木の伐採はそれ以前の石斧に比べ、飛躍的に効率が高まったそうだ。鉄斧は石斧よりも、およそ4倍の速度で伐採できたという研究もある。

斧で伐採された柱には、鑿やクサビを縦方向に何本も打ち込み、木を割ってブロックにしていく。これを「打割製材」と呼ぶ。

そのブロックを、チョウナではつって薄く削り、さらにヤリガンナをあてて、板の表面を仕上げた。

とはいえ、この方法では薄い板はつくりにくい。チョウナで板厚を薄くするのには膨大な時間がかかる。法隆寺などの壁や天井板が厚いのにはこんな事情があった。

なお、鑿やチョウナ、ヤリガンナは、古墳時代には大陸から伝来していた。

縄文時代末あたりに始まった打割製材は、なんと室町時代の中頃まで続く。

縦挽き鋸が登場し、鋸で板を挽く製材法がなかったわけではないが、それでも打割製材が板づくりの中心を占めた。

というのも、鉄の加工技術が稚拙で、鋸板の質に問題があったからだ。薄くすれば折れるし、厚くすれば切り幅が広がって挽けなくなる。これでは製材といった荒仕事は任せられなかった。

その一方で、鋸も少しずつ進化していく。13世紀には木の葉を半分にした形状の木の葉型鋸が登場。それまでの鋸は中国式の押し挽きだったが、手前にも挽けるスタイルを採用した。一つの画期といえる。

その流れを受け、15世紀には現在と同じ挽き使いに限定した鋸がつくられた。

15世紀の絵巻『三十三番職人歌合』に描かれた、力を合わせて大鋸を交互に押し合い、大きな材から板をつくる二人の職人

前挽き大鋸（おが）を独自開発する製材専門の職人集団も誕生

鎌倉時代から室町時代中頃にかけて、大鋸（写真左下）が中国からやってきた。二人が交互に押し合って切る巨大な鋸で、そのため中間で刃の向きが逆になる。材を立て、人が上下に位置する形で挽いた。真ん中の棒の左右に鋸刃と紐がセットされるが、紐は鋸板の張りを保つためだった。

大鋸はパワフルで、厚い丸太を縦方向に切っていけた。出現により、製材の効率があがり、歩留（ぶど）まりもよくなって、千年以上続けられてきた打割製材も、ついに主役の座を降りる時代がやってきた。

この大鋸を用いて始まった板づくりを「挽割（ひきわり）製材」と呼んでいる。

ちなみに、鋸から出る大鋸屑（おがくず）の語源は、中国からやってきた大鋸である。

大鋸の活用で薄い板が製材できるようになり、建築様式は一変した。

室町時代に、書院造といった美的に繊細な建物が建てられるようになった背景には、薄板が利用できる挽割製材の普及があった。

また、打割製材では避けざるを得なかった、木目の捻じれたマツや硬いケヤキも、挽割製材なら利用可能に。扱える樹種の広がりは、建築に多様性をもたらした。

しかし、二人挽きの大鋸の時代は、そう長くは続かなかったようだ。16世紀に一人挽きの前挽き大鋸（写真次ページ上）が誕生したからである。

この前挽き大鋸は日本オリジナルで、背後には製鉄技術の向上があったことは間違

竹中大工道具館に展示される大鋸（複製）

前挽き大鋸を操って、製材をする木挽き職人を描いた江戸時代の浮世絵。大変な重労働だった

竹中大工道具館に展示される前挽き大鋸（複製）

いないだろう。大鋸に取って代わった理由は、手軽さにあったと考えられている。

前挽き大鋸は、電動鋸が出現する近年まで、製材の中心を担った。

挽割製材の普及拡大により、「木挽き」ないしは「大鋸挽き」と呼ばれる専門集団も大工から分離して生まれた。

江戸時代の浮世絵では、大工と木挽きは別の職業として描き分けられている。

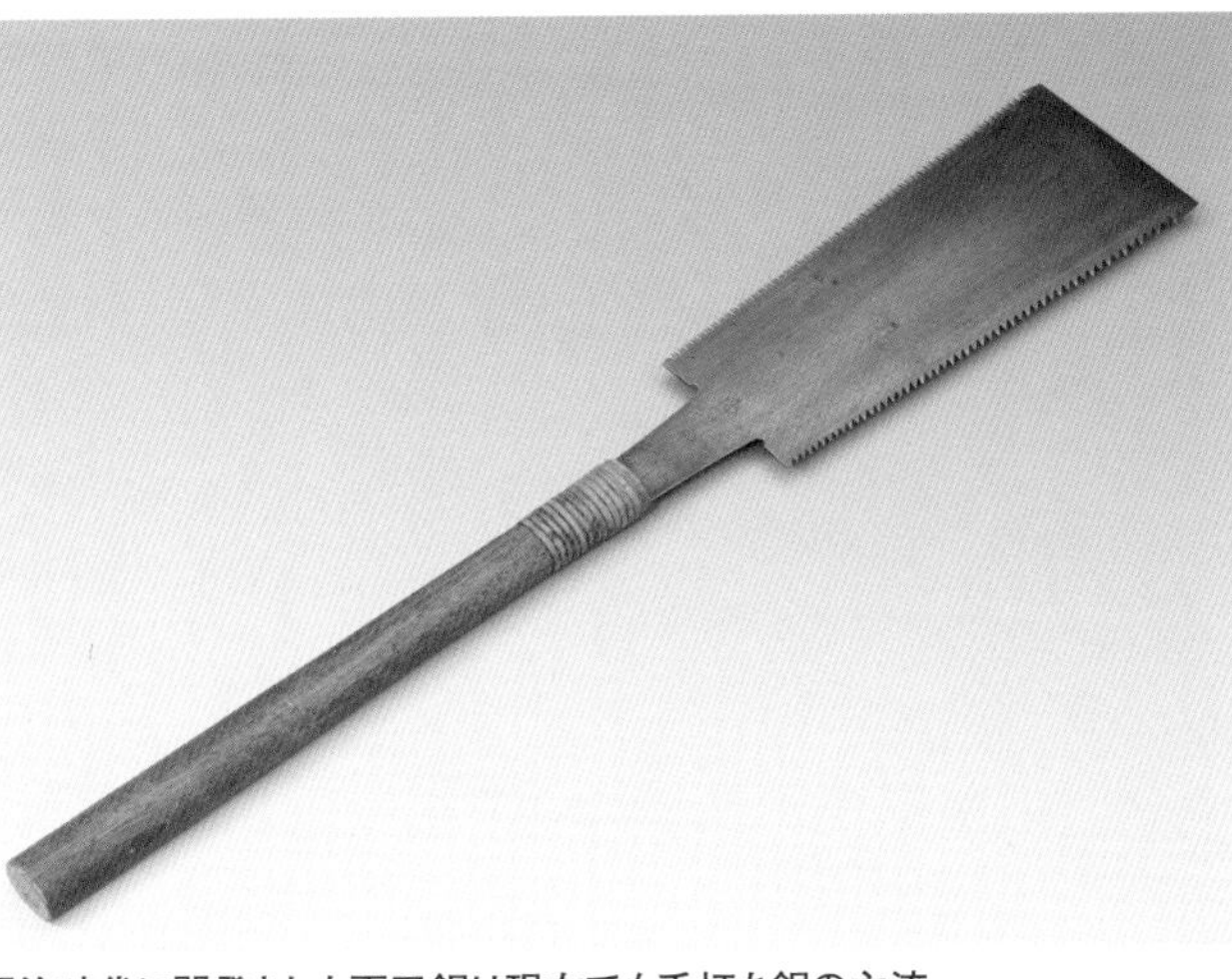

明治時代に開発された両刃鋸は現在でも手打ち鋸の主流

爆発的にヒットした両刃鋸 鋸の歴史の記念碑的製品だ

江戸時代には、大工手道具が多様化していった。鴨居の溝を掘るだけの鴨居鋸ほか、鋸も用途に応じた製品が開発されていく。今でも残る専門色の強い鋸の多くは、江戸時代に開発されたものが少なくない。

ちなみに、江戸時代の大工は花形職業で、賃金も一般に比べてかなり高かった。

さて、明治時代になると、海外の優れた製鉄技術が流入する。それ以前は、砂鉄からつくった玉鋼を鍛冶が叩いて板状にしていたが、工業的に厚さが均質な精度の高い鋼板が量産される時代になった。

縦挽き鋸と横挽き鋸を合体させた、両刃鋸が明治期に生み出されたのは、そんな板鋼の進歩が背後にあった。

多種多様な鋸を生み出してきた手打ちの鋸産業だが、やがて電動鋸や替え刃式鋸という強敵とぶつかる。

手打ちの鋸は産業として先細りになり、後継者の確保も困難な状況に陥った。手打ちのよさが再確認され、多くの人が再び手にすることを願うばかりだ。

多様な用途に応じ開発された個性を競い合うプロ仕様の鋸

大工手道具の面白さはバリエーションの豊かさにもある。鋸もその例に洩れず、多彩なラインアップを誇る。いずれも使い手の要請に応じ、鋸職人が生み出したもの。鋸文化の奥行きを感じたい。

機能美と存在感を主張する鋸界のハードワーカーたち

掲載した品々は、工匠常陸が所有する鋸だ。荒仕事用から細工に用いるものまで、実にバラエティに富んでいる。

住宅が組み立て式のプレカット工法で建てられるようになり、これらは一般的な大工さんにも馴染みが薄くなってきた。ましてやＤＩＹ派には縁遠い存在だが、それぞれが役割に忠実な形状をなし、独特の風格さえ漂わせる。大工手道具好きなら見ていて楽しくなるだろう。

機会があれば、一度はさわってみたい。そんな気にさせる手道具たちである。

穴挽き鋸

あなびきのこ

丸太や厚い材の切断など荒仕事を専門にする鋸

刃渡りが若干、湾曲していて、アゴの部分に窪みがないのが特徴だ。丸太の端を切り落とすなど、荒仕事をこなすタフガイである。

横挽き鋸の一タイプではあるが、刃先が茨目（いばらめ）になっていて、木材を斜めにカットする際にも使われる。

一尺三寸から一尺六寸が通常サイズで、鋸としては大型に属する。

地域によっては鼻丸鋸、先丸鋸とも呼ばれる。「穴挽き」の由来だが、江戸時代に穴蔵（地中に穴を掘って物を蓄える蔵）をつくる専門の大工職人たちが用いたからだという。

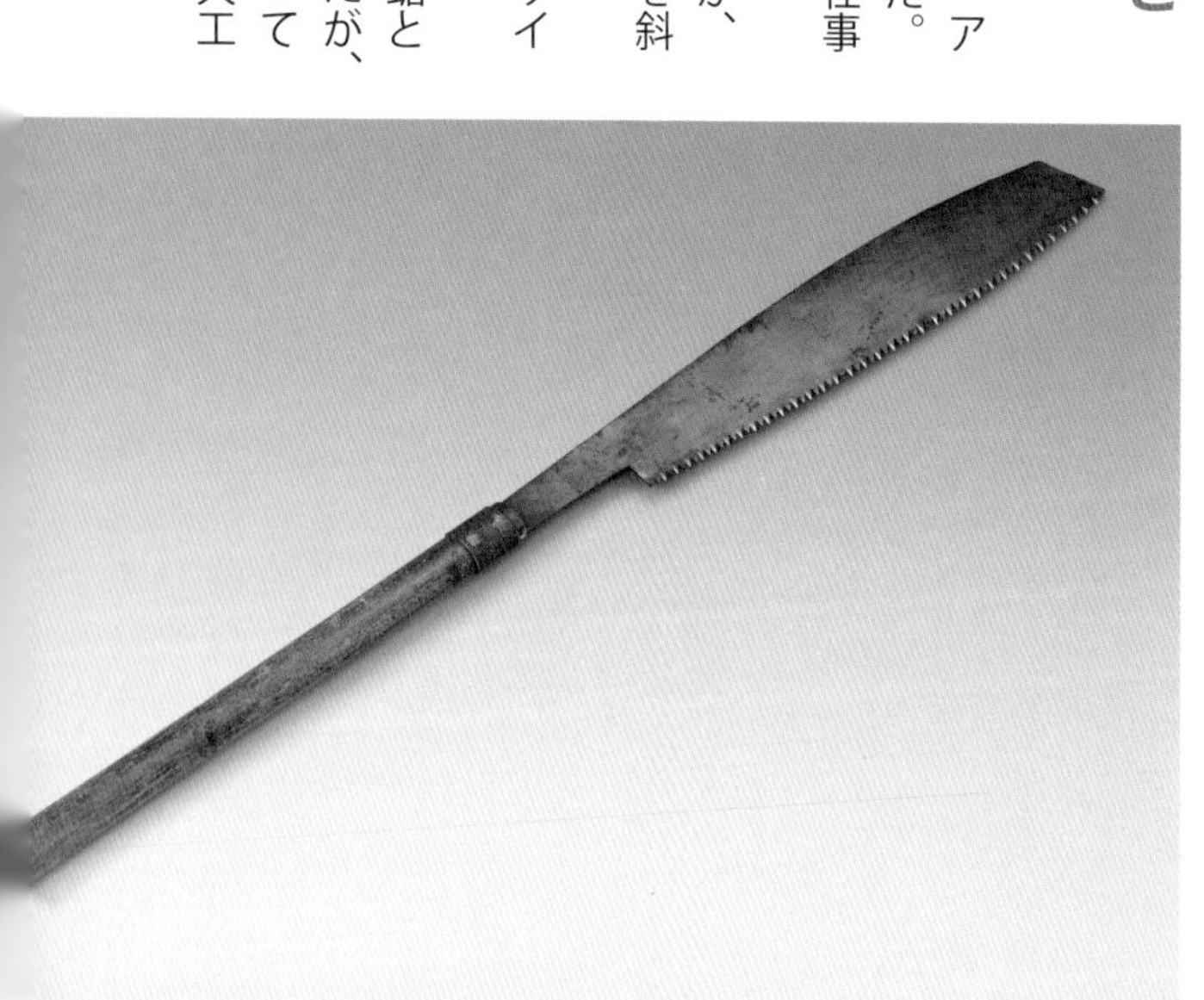

刃先は茨目で、横挽き、斜め挽きをパワフルにこなす

鑼
ががり

荒仕事に使うプロ御用達の縦挽き 柄を斜めにつけて材を大割する

片刃の縦挽き鋸のことを、プロは「鑼（ががり）」と呼ぶ。柄が斜めに取りつけられているのは、大きな木材を挽く際に、材の上に体が乗った状態で鋸を引き寄せやすくするためである。丸太を縦に切断するなど、大割用の仕様だ。

なお、真っ直ぐな柄をつけたタイプもあるが、そちらはそれほど大きくない木材を縦挽きする小割用である。

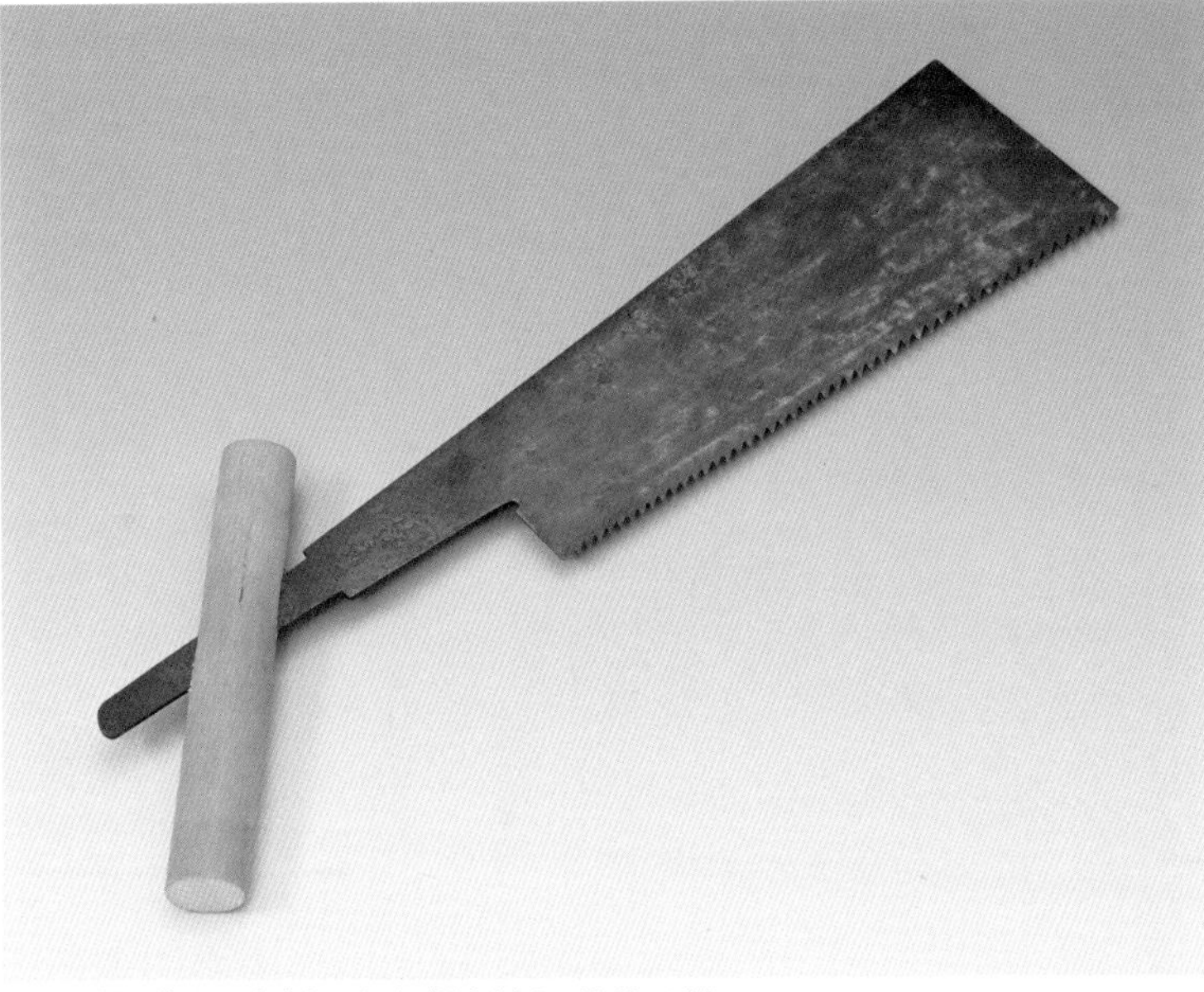
大きな材を挽きやすくするため、柄を斜めに取りつけた

挽き切鋸
ひききりのこ

木の繊維に対して直角方向に挽く 大工職なら誰もが持っていた定番

通称は「キリ」。木目方向に対し直角に切断していく、片刃の横挽き専用の鋸である。手打ち鋸のスタンダードといっていいだろう。かつての大工職人は、上の鑼とこのキリを必ずセットで持っていた。両刃鋸の横挽きよりは挽きの安定度は高い。八寸から一尺三寸のサイズが標準で、鋸としては中型のジャンルに入れられる。

プロが愛用するスタンダード、横挽き専用の挽き切鋸

胴つき鋸

どうつきのこ

刃が薄くて挽き肌が極めて美しい造作や仕上げ用につくられた鋸

鋸板の厚さは0・2から0・3ミリと非常に薄く、板の曲がりを防ぐために背金がついている。刃間のピッチも1ミリほどだ。切断面はきれいで、鉋をかけなくてもすむほど。造作や仕上げなど、緻密な切断が求められるシーンで活躍する。背金があるため、厚みのある木材の完全切断には使えない。八寸から一尺が標準サイズだ。

鋸刃は横挽きで、薄い鋸身を補強するために背金がついている

畔挽き鋸

あぜびきのこ

敷居や鴨居の溝を掘る際に用いる外に湾曲した刃渡りが最大の特徴

敷居や鴨居などの長い溝を掘るときには、まずこの畔挽き鋸で両側に切れ込みを入れ、その後、鑿を使って溝を深めていく。刃が外側に湾曲しているのは、平面に切り込み入れるためだ。薄い板に穴を開けるときにも使われる。片刃タイプもあるが、両刃型がポピュラーだ。挽きやすくするため、鋸の首を長くしている。

湾曲した刃を持つ畔挽き鋸は、板に穴を開けるときにも使われる

舟手挽き割鋸
ふなてひきわりのこ

船大工から広まった挽き割用の鋸 幅広で武骨なルックスが目を引く

挽き割とは、部材の不必要な部分を縦挽きして薄くすること。船大工が舟板の接合面をそろえるために、挽き割用として開発し、それが建築大工の世界にも広まった。その形状が魚の鯛に似ていることから「鯛型」とも呼ばれる。鋸板が幅広で、存在感が際立つ。一尺二寸から一尺四寸が標準サイズだ。刃には縦挽き用がついている。

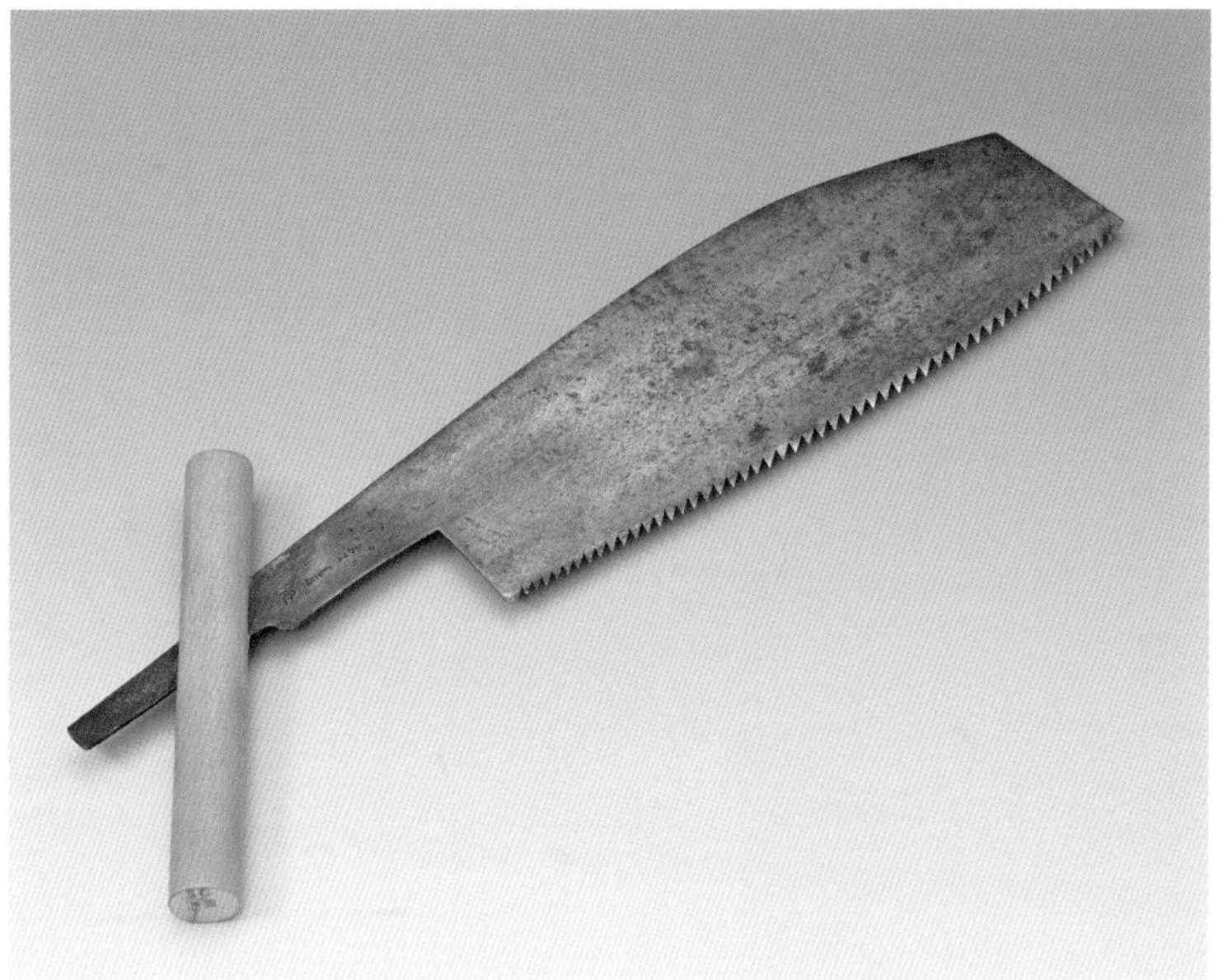
舟手挽き割鋸は、部材の余分な部分をカットして薄くする挽き割鋸の一種

挽き廻し鋸
ひきまわしのこ

木材を曲線に切断できる優れもの DIYでも細工物にお役立ちだ

これでも立派な鋸だ。細い鋸身に片刃の横挽き刃がつき、開けた穴に差し込んで切っていく。かなり複雑な曲線も挽くことができ、細工物には重宝する。ただし、鋸身が細いので、厚い材には向かない。六寸から一尺まで、長さの違う挽き廻し鋸が用意される。挽き廻し鋸は引き使いだが、押して切るタイプの突き廻し鋸もある。

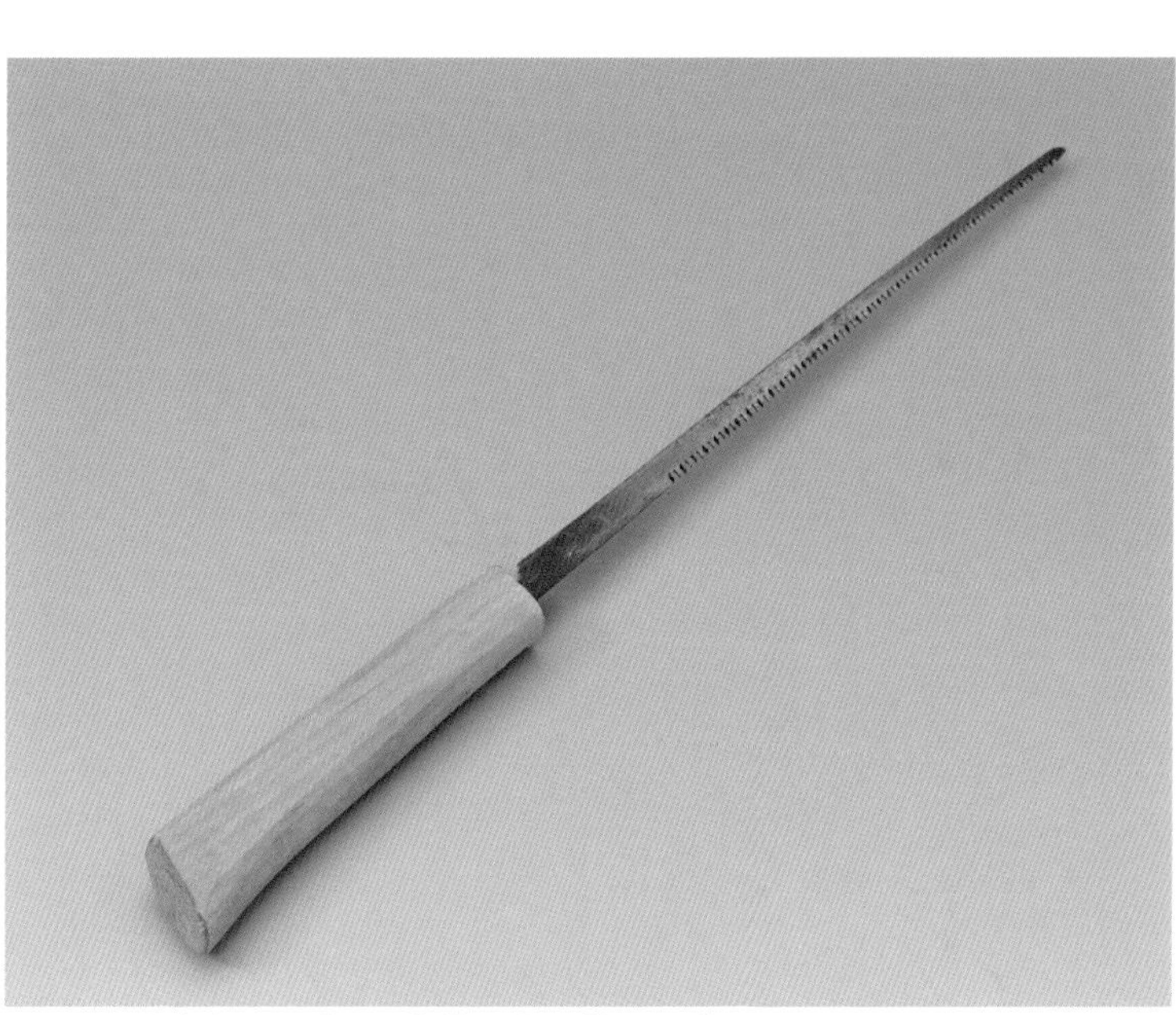
DIYライフを充実させてくれる、曲線が引ける挽き廻し鋸

鋸自体の重量だけで挽く感覚「真っ直ぐ切り」の極意を学ぶ

ＤＩＹ初心者の悩みは、鋸が真っ直ぐに切れてくれないことだろう。何がいったい悪いのか。原因はドコ？　株式会社「工匠常陸」の中島雅生さんに必勝テクニックをご指南いただいた。

目線、肘、鋸板、墨線を同一ライン上に置いて挽く

鋸は柄の端を握り、薬指と小指に力を入れて挽く

正しい構えを保持したまま力を入れずに挽いていく

まず注意すべきは、縦挽き鋸と横挽き鋸の誤用だ。縦挽き鋸で繊維の横方向を挽くと、木目に引っかかって抵抗が強くなる。一方、横挽き鋸で縦方向は切れなくもないが、挽く回数が増え、切り口は荒れ気味に。

両刃鋸なら、刃の大きいほうが縦挽きなので、見て確かめてから使い出そう。なお、斜め方向のカットは、横挽き鋸を用いる。

ところで、初心者はどんなサイズの鋸を選べばいいのか。

厚い材や硬い板を扱わないＤＩＹなら、八寸の両刃鋸でＯＫだろう。

さて、ここからは中島さんの講習だ。

「鉛筆でも構わないので、挽く前に必ず切り落とし線である墨線を入れましょう」

鋸は柄の端を持つが、薬指と小指だけで握っている感覚が大事だという。基本的に片手挽きに徹し、もう片方の手は添える程度に留めるのだそうだ。

挽く体勢としては、墨線、鋸の背の延長線上に肘と目線がくるように構える。真っ直ぐ挽けない要因に、この体勢の乱れがあり、初心者の多くが斜め上から見下ろし、その結果、曲げてしまっていると話した。

挽き始めは鋸をあまり傾けず、元の部分を使って挽き目を入れる。その際、材を押さえる側の親指の爪を鋸板にあててやると、すんなり挽き目が切れるという。

また、挽き進めるときには、材に刃渡り部分を点であてながら、徐々に接触部分を増やしていくのがコツだと続けた。

力を入れて強引に押したり引いたりしないことが肝心で、理由は鋸身が熱を帯びて曲がりやすくなるからとのこと。そして、

「鋸の重さだけで挽いていく感じ。常にこれを意識しましょう」

以上を念頭に置いていれば、進歩は早いと中島さんはまとめた。名人のアドバイスを守れば、鋸制覇の日もそう遠くない。

親指の爪をあて、デリケートな切り出しのガイドにする

柄を短く持って挽くと、鋸板が安定せず真っ直ぐに切れない

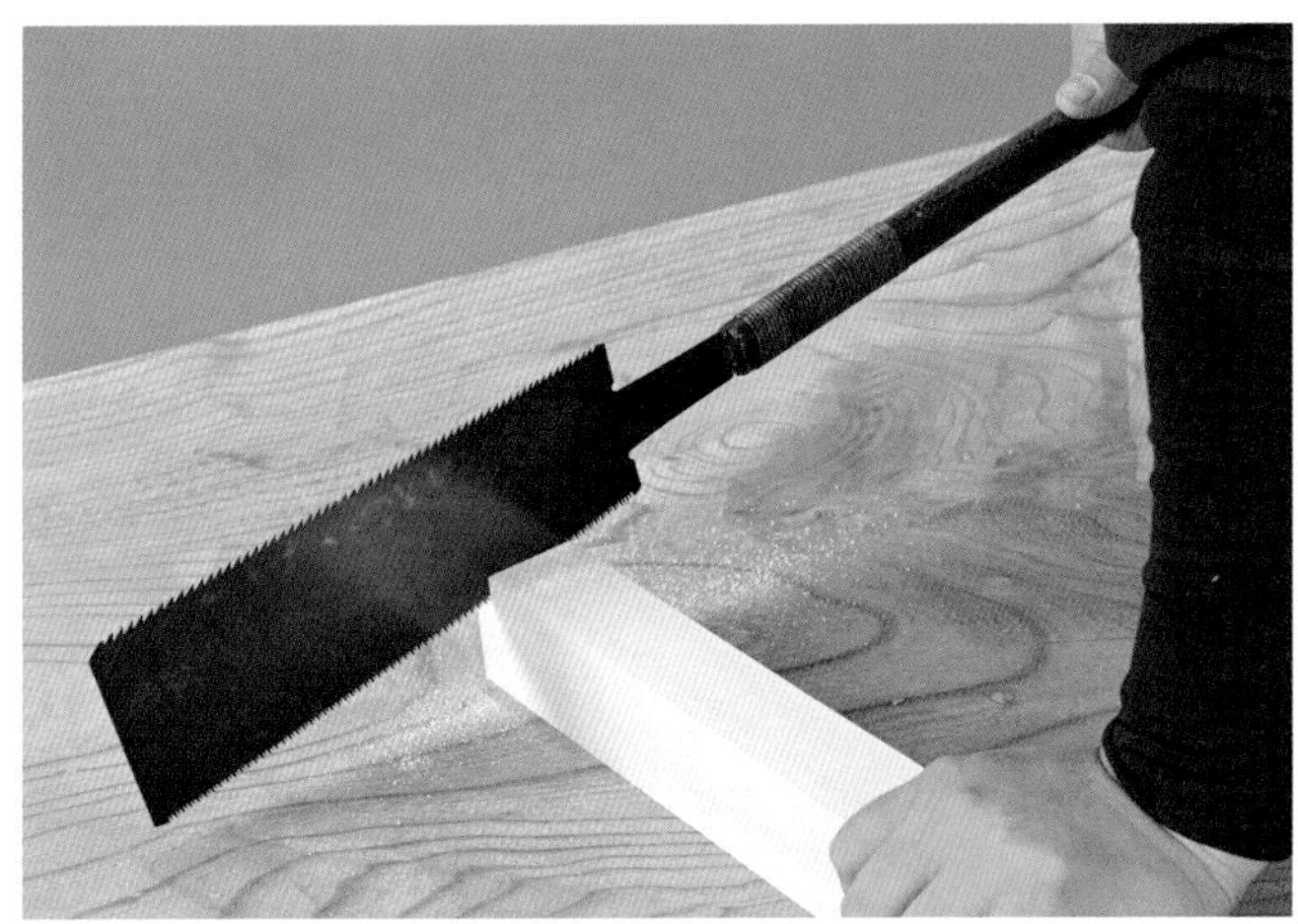

挽き出しは元の部分を用い、徐々に先のほうも使っていく

狂いが生じたら目立てを依頼 正しい挽き方が最大のメンテ

切れ味が落ちたり鋸板が歪んだりしたら、目立て屋さんに修理してもらうしかない。刃の減りはしょうがないが、鋸板の狂いは扱い方に問題があるからだ。日頃から正しい挽き方を心がけよう。

鋼でできた鋸は錆びやすい 油を塗り湿気を避けて保管

鋸は鉋（かんな）と違い、メンテナンスにそれほど気を配らなくてもいい。

ただし、錆びやすいので、使用後にはマシンオイルを軽く塗布し、湿度が低い風通しのいい場所で保管したい。

購入時に鋸を包装していた防錆紙（ぼうせいし）を捨てず、それに包んで保管する人もいる。

使用後はマシンオイルを染み込ませた布で丁寧に拭く。鋸も刃物だけに慎重に扱おう

中島さんの工匠常陸では、専用の鋸巻に入れて保管し、錆から大事な鋸を守っている

鋸を包む工匠常陸が使う鋸巻。安価なものは2000円台で市販され、手軽に入手できる

なお、直射日光のあたる場所も保管場所としては不適切だ。熱膨張を繰り返すことで、鋸身の歪みの原因にもなる。

長い間使用していると、刃先が鈍磨（どんま）して切れ味が悪くなる。そうなったら目立て屋さんで研磨してもらうしかない。

また、鋸身を歪めてしまうこともあり、この場合も叩いて直してもらう。歪む理由の一つに挽き方に問題があることもあり、そのあたりを見直そう。

目立ての料金は、手間を考えたら決して高くない。替え刃式鋸への対抗上、値段を低く抑えているからだ。手打ち鋸の文化を守るため、ボランティア的にやっているという側面も頭の隅に置いておきたい。

第3章

叩く道具——玄能(げんのう)

加えた力を、いかに効率的に打撃対象に伝えていくか——。鍛冶職人は日々、それを追求して玄能を製作している。シンプルな形状に込められた、彼らの熱き情熱に思いを馳せたい。日本の手打ち玄能は芸術品である。

鍛冶職人が鍛えた手打ち玄能「一生モン」として手元に置く

鍛冶職人が手打ちした玄能を手にすると、もう量販品にはもどれなくなる。それなのに比較的安価で入手できるのだからたまらない。では購入する前に、玄能についてちょっとだけお勉強を!!

玄能には鑿を有効に叩くための技術が盛り込まれている

打撃の理想の形を追い求め鑿のパートナーとして製作

玄能は地域によっては玄翁とも書く。関東と関西ほか、地域によって形状に違いがあり、それぞれの大工さんの仕事のやり方の差なのか、大変興味深い。

鉋、鋸、鑿の三大大工手工具に次ぐ大事な道具で、いうまでもなくDIYにおいても欠かせないアイテムだ。

と、ここで、DIY初心者はこんな疑問を抱くのではないだろうか。

「玄能ってトンカチのことじゃないの？」

トンカチは金鎚の俗称だが、金鎚の一ジャンルが玄能だと説明されることもある。

だが、これに異を唱えるのが、大工手道具業界のオピニオンリーダーの一人、土田昇さんである。

「金鎚は建築現場で釘を打ったり、金物を叩いて曲げたりするのが役目。それに対して、玄能は一応釘も打てますが、鑿を叩くのが主な仕事になります」

形は似ていても、それぞれ独自の進化をとげてきた別物だとつけ加えた。

つまり、鑿のパートナーとして存在してきた。そのために打撃バランスを考慮し、効率的な打撃力の伝え方を徹底的に追求してつくられているのが玄能だったのだ。

プロは金鎚で鑿を叩かない。そもそも金鎚は鑿打ちを前提につくられていないからで、金鎚では疲労も大きい。違いがわかってもらえただろうか。

江戸時代から昭和の中頃まで、鑿でホゾ穴を刻むのが専門の「穴大工」が存在した。そんな彼らの厳しい注文に応え、鍛冶職人たちは玄能を進化させていった。

鋼の頭部に柄を挿げただけの単純な形状ながら、ヒツの微妙な仕様に至るまで、盛り込まれた技術は少なくない。

ちなみに、トップクラスの鍛冶職人が鍛えた玄能でも、比較的入手しやすい価格で購入できる。摩滅度が低いので、一生モノの愛着品として末永くそばにおきたい。

[玄能のパーツ名称]

頭

小口

小口

ヒツ
（柄を挿げる穴）

柄

ポピュラーな両口玄能にも多種多彩なバリエーション

玄能の頭のつくられ方にはいろいろあり、すべて鋼の全鋼型や、地金に鋼を鍛接する鋼づけタイプ、小口面だけに焼き入れを加えて硬くするタイプもある。作業工程の少なさから、全鋼型がリーズナブルだ。

一口に玄能といっても、様々なタイプが存在する。代表的なのが、頭部の両側に二つの打撃面（小口）を持つ両口玄能だろう。両口型は片方の小口はフラットだが、もう一方の小口は、中央部がわずかに盛り上がった局面になっている。

この膨らみを持った小口のことを木殺し面と呼び、木を叩き締めたり、釘締めといって、釘打ちの際に釘の頭部を木面よりも沈めたりする。ちなみに、鑿を叩くときには、この小口は使用しない。

さて、両口玄能にも種類があり、頭が円形なのを丸玄能と呼ぶ。面白いことに東西で小口の形に違いがあり、東日本では小判型で、これを関東型、ないしは東型と呼ぶ。対して西日本では真円形の地型が主流だ。

両口玄能のグループには、頭が方形な四角玄能もある。振り下ろす際の重量バランスがいいとして、多くのプロが愛用する。

また、頭が八角形の八角玄能は側面でも打てるため、引きのない狭い場所でも扱えて便利だ。さらに丸玄能と八角玄能の頭をセットにした片八角玄能も両口玄能の一種で、主に中部地方で用いられる。

なお、両口玄能のバージョンにダルマ玄能がある。頭部が他のタイプよりも短く、ずんぐりしているのが名称の由来だ。

重心が下方にあるので、低い位置からの打撃が有効だ。多少重量のあるものを選ぶのが購入のコツとされる。

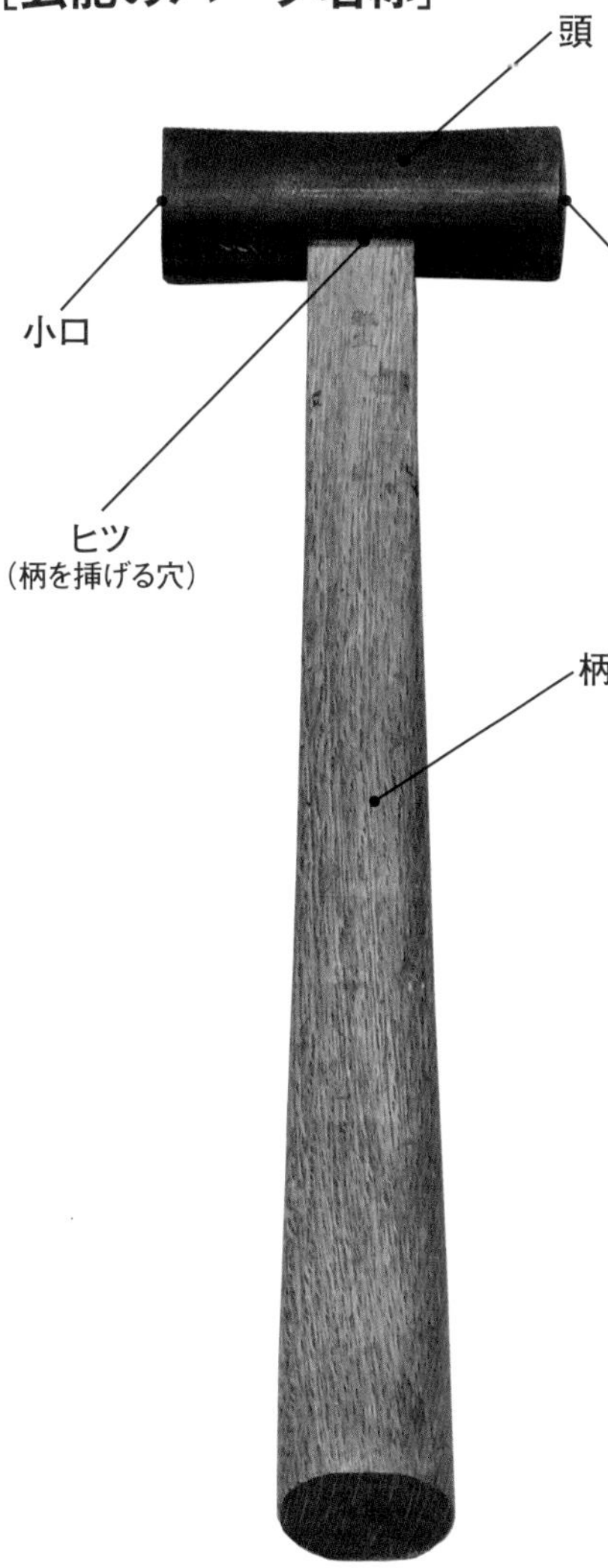

左から20匁、40匁、60匁、100匁、120匁、150匁、200匁の玄能

頭の重量によりクラス分け使用目的に応じて選択する

玄能は頭の重量により、様々な製品がラインアップされている。使用目的に応じた細分化で、このきめ細かさは、やはり日本の大工手道具ならではだ。

鉋や鋸には今でも尺や寸表示が残っているが、玄能においても同じで、「１００匁の玄能」というように、昔の重量単位の匁でジャンルが示されている。

１匁はおよそ３・75グラムだから、１００匁の玄能は３７５グラムの頭を持つというわけだ。とはいえ、鉋や鋸がセンチやミリに置き換わりつつあるように、玄能もグラム表示が一般化しつつある。

製品撮影にご協力いただいている、株式会社「工匠常陸」の中島雅生さんによると、鉋の刃の出し入れには80から１００匁、細工が比較的小さい追入鑿では１００から１２０匁を用い、梁などに叩き鑿で大きなホゾ穴を刻む際には、１５０から２００匁の玄能を使うとのことだ。

で、追入鑿が中心になるＤＩＹなら、１００匁を入手するのがベストチョイスだと語る。これなら鉋でも使えるだろう。

さて、玄能には両口玄能だけでなく、片口型というタイプもある。片側の打撃面は丸型だが、もう一方は先端に向かって細く尖る。この先端部は釘締めに用いる。

片口型は関西地区で広く使われるが、中国地方では船手玄能＝岩国型、北海道と東北では舟屋玄能＝北海道型片口型、九州では九州型が存在し、それぞれ仕様が微妙に異なり、ローカル色が強い。

片口型は釘打ちを重視した、玄能と金鎚の中間的な存在といえるかもしれない。

［玄能の頭　匁とグラムの換算］

20匁	75グラム
40匁	150グラム
60匁	225グラム
80匁	300グラム
100匁	375グラム
120匁	450グラム
150匁	563グラム
200匁	750グラム

※1匁＝約3.75グラム。
つくり手によって実際の重量にはちがいがある

そもそも両口玄能とは重心の位置が違い、使い勝手には相違がある。たしかに慣れればそれまでだが、鑿を打つという目的においては、扱いやすいスタンダードな両口玄能が初心者にはベストといえるだろう。

片側が細く尖る片口玄能は地域によって形状に差がある

手打ち玄能は頭だけを販売 初心者を悩ます「柄」の問題

基本的に手打ち玄能には柄が挿(す)げられていない。プロを相手にしてきた製品だけに、自作するのが通例だったからだ。

そんなもの、別売りされている柄を買って、ただ挿(さ)せばいいんじゃないか——。

読者はそう思うだろう。だが、販売されている柄は半製品で、振るときのバランスを考慮し、肘の長さに合わせて調整したり、握りやすく削ったりしなくてはならない。

また、柄は頭の長辺に対して垂直に仕込むのではなく、平らな小口面側に傾ける。初心者には自作はやはりハードルが高い。

とどのつまりは、柄を挿げてくれる店を探し、そこで購入するというのが現実的な選択になる。柄挿げは別料金になるが、驚くような値段にはならないはずだ。

最後に木槌にもふれておこう。木槌は木製の頭部を持ち、カシやケヤキといった、堅くて粘りがある木材でつくられる。

頭は丸型が多いが、四角型、太鼓型ほか種類は豊富だ。入手しやすいプライスなので、一丁は手元におきたい。

使用目的に応じて様々なタイプがある木槌。DIYなら丸型の頭を持つタイプで十分だ

人を殺める毒石を大鎚で砕く玄能の名の由来となった伝承

玄能はなぜこの名称で呼ばれるようになったか。そこには人に仇なす殺生石を壊し、民衆を救済した僧侶の伝承があった。栃木県那須を舞台にした怪異譚。箸休めのつもりで読んでいただきたい。

高僧が振るった大鎚が語源 大工職人の隠語が拡散か？

玄能の名前にまつわる話は、中世に編まれた『御伽草子』の玉藻前伝説が原典のようだ。後に様々なストーリーが付加され、歌舞伎や浄瑠璃が取り上げたことで、江戸後期には誰もが知る説話になった。

平安時代後期、鳥羽上皇に寵愛された玉藻前という美女がいた。玉藻前は妖怪、九尾の狐で、上皇に災いをもたらした。

正体が露見したことで、九尾の狐は東国に逃れるが、那須野（栃木県那須町）で弓を射られて息絶えた。ところが、毒ガスで人を殺める殺生石に転生。民衆を苦しめる。

会津で示現寺を開いた高僧、源翁禅師が殺生石封じに那須野にやってきた。法力に優れた禅師は大鎚で殺生石を粉々にし、人々は平穏に暮らせるようになったという。

以上が物語の概略だが、この源翁禅師の大鎚にちなみ、鎚を源翁と呼ぶようになり、やがて玄能や玄翁に転じていったそうだ。

さて、特定の集団内だけで通じる用語を隠語や符牒という。寿司職人たちが用いたシャリやネタがその例である。

成立時期は不明だが、おそらく玄能なる呼称も、この有名な説話を下敷きに、隠語や符牒として生まれたものだろう。その後、シャリ、ネタ同様に、世間に広まっていったと考えられる。読者の見解はいかがか。

法力がこもった源翁禅師の大鎚になぞらえて命名された玄能

振り下ろした力を効率的に鑿に伝達
手打ち玄能は単なる金鎚ではない

持ち方を正せば省力で叩ける打撃道具だが乱暴に扱わない

力を込めてガンガン叩く手道具。一般的な玄能のイメージだろう。だが、できるだけ力を入れずに叩けるよう工夫され、合理性の塊が玄能である。そんな玄能を上手に使うノウハウを伝授しよう。

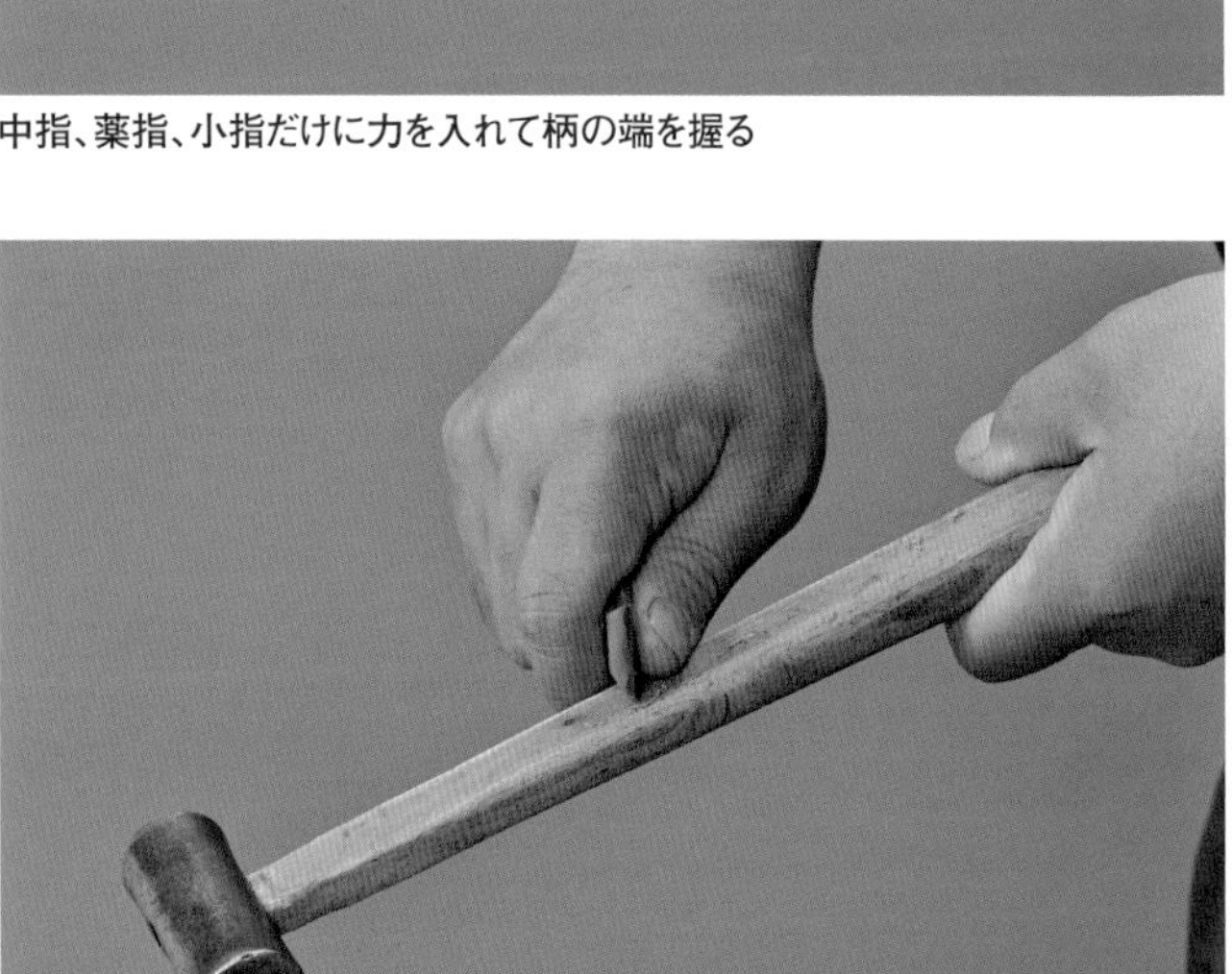

中指、薬指、小指だけに力を入れて柄の端を握る

バランスが悪いと思ったら、柄を削って調整する

三本の指で柄の端を握って肩の力を抜いて振り下ろす

玄能の扱い方を「工匠常陸」の中島雅生さんに教えてもらった。

柄は端を持つのが基本だという。親指と人差し指は力を抜いて添える程度にし、他の三本の指で柄をがっちりと握る。

そうすれば手首の可動域が広がり、動き自体もスムースになると中島さんは話す。

なるほど、振り下ろしやすいだけでなく、手首のスナップが利かせられるようになり、打撃する面に強い力が与えられる。また、親指と人差し指で押さえ込むよりも柄の端が踊らないので、より正確な打撃が可能になる。さらにモーメントの増大により、強い力が加えられる利点も見逃せない。

さて、柄を挿げてもらうようオススメしたが、他人がしつらえたものだけに、振り下ろしに違和感を覚えることもあるだろう。

そんな場合には、柄の中央部を少しだけ削ってやるとしっくりくる。そう中島さんはアドバイスしてくれた。

玄能は鉋の刃の出し入れや鑿打ちに用いるだけでなく、ホゾの端を叩いて木殺しし、ホゾ穴に入れやすくするなど、作業は思いのほかデリケートだ。滅多に変形はしないが、小口の平面性には気を配りたい。

間違ってもバール叩きをしたり、コンクリート釘を打ったりの荒仕事に使わないようにしよう。それが長持ちさせるコツだ。

作業が終わったら、マシンオイルを染み込ませた布でさっと拭いてやる。玄能のメンテナンスはこれだけで十分である。

最後に、釘を打つ金鎚の使い方にもふれよう。初心者は釘打ちの際、重量のある金鎚を使いたがるが、感心しないと中島さん。振り下ろすときにブレが生じ、釘が正確に打てず、真っ直ぐ入ってくれないからだ。

「長い五寸釘（約15センチ）なども、70から80匁の比較的軽い金鎚で叩いたほうが、すんなりと部材に入ってくれます」

玄能なら微妙な力加減で鉋刃の微妙な出し入れができる

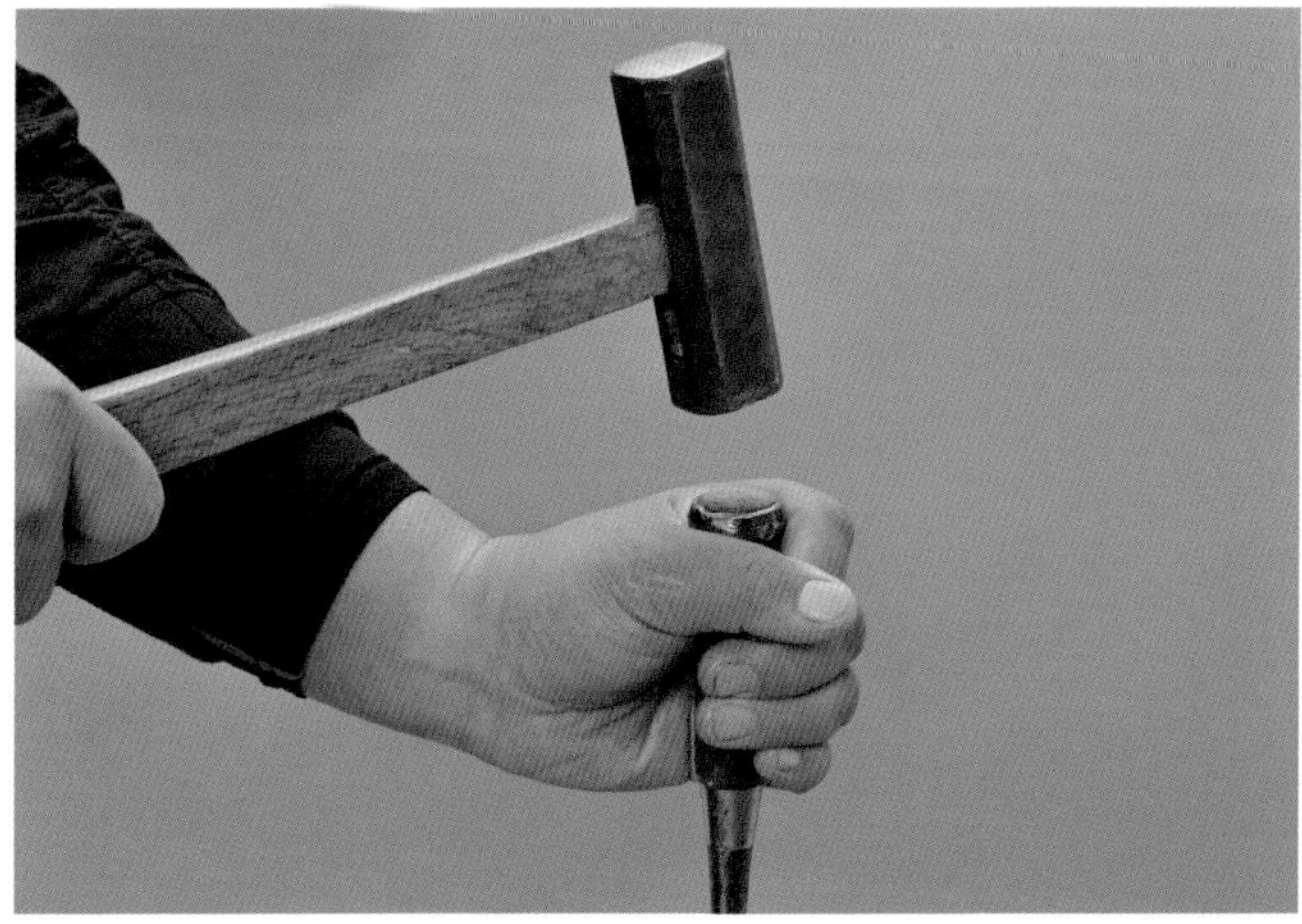
玄能の仕事の中心は、やはり鑿叩きということになる

ホゾの端を木殺し面で叩き、ホゾ穴に入れやすくする

職人さんが手打ちした大工手道具がほしいが、
値段が気になって購入に及び腰だ……。
そんな人も少なくないだろう。
手打ち道具の価格はどうなっているのか。
業界のオピニオンリーダーにして、
大工道具店を営む土田昇さんに聞いた。

業界のご意見番、土田 昇さんにインタビュー

DIYビギナーのための「手打ち道具」購入セミナー

土田刃物店
土田 昇さん（つちだ のぼる）
土田刃物店三代目経営者。大工道具の鍛冶職人の研究者として知られ、『時間と刃物』『千代鶴是秀』『職人の近代』『刃物たるべく』ほか著書多数。テレビ東京『開運!なんでも鑑定団』の道具鑑定士も務める。

鋸は1.5万円から2万円 比較的安価で良品が買える

——まずは鋸からいきましょう。替え刃式に押され、手打ち鋸は劣勢を強いられています。替え刃式のプライスは3000円ほど。それに対して、手打ち鋸は高いという印象を持たれているようです。

「手打ち鋸は決して高価ではありません。八寸、九寸といった一般的な両刃鋸で、だいたい1万5000円から2万円。それもちゃんとした職人がつくった製品です。このあたりを買えば十分でしょう。実はもう40年以上、値段は上がっていません。安価な替え刃式に客が流れたので、上げたくても上げられないのです」

——つまり、本来ならもっと高い値段で流通すべき一流の商品が、この価格帯に閉じ込められてしまった。ユーザーにとってはお買い得ではありますが、手打ち職人さんにとっては厳しい現実ですね。

「切れ味が落ちたときの目立て代も、40年前のままです。ウチでは1枚2500円前後でやっていますが、他所でもこんなもの。とても値上げできる状況にはありません」

——手間を考えたら、もはやボランティアの領域ですね。鋸の世界は大変だ。

3万円程度がオススメの鉋(かんな) 鑿(のみ)は7000円から1万円

—鉋に関しては、替え刃式はそれほど脅威にはなっていません。製品ラインアップはどうなっているのでしょうか？

「平鉋でいえば、大まかにいって3万円台、5万円台、7万円台、それ以上の四つに分類できます。だいたい3万円から10万円の範囲に収まっていますね。10万円を超えるものもありますが、実用品の域を超える」

—では、どのランクを選べばいいか。

「3万円台のもので問題ないでしょう。大工さんもこのゾーンのものを使っています。値段のうち、台入れが1万円。3万円の鉋なら、鉋身代は2万円ということですね」

—小鉋はどうですか？

「刃幅にもよりますが、1万円から2万円程度のものなら間違いありません」

—次は鑿についてお話ください。

「昔は値段の幅が非常に大きな商品でした。ホームセンターで売っている、1000円、2000円の量販品は別にして、今では追入鑿(おいいれのみ)なら、一本7000円から4万円のゾーンに収まっています。高い鑿をつくっていた職人はいなくなりましたね。時代の流れというしかありません」

—では追入鑿なら、どのレベルの商品を購入すればいいのでしょうか。

「一本7000円から1万円のもの。入門用としてはベストです」

—ところで、手打ち品と安価な量販品の差はどこにありますか。

「鉋の場合、量販品は長く削れないので、頻繁に研がないとなりません。鑿も長時間、ホゾ穴を掘り続けることは困難です。あまり期待をかけないほうがいいと思います」

一流の品が1万円ちょっと 名工製作の玄能(げんのう)を家宝に!!

—玄能についてもお聞きします。

「様々な値段の製品が売られていますが、たとえば現在、玄能づくりが日本で最もうまいといわれる、新潟三条の相田浩樹(あいだひろき)さんの作品が1万円少々。この値段で一流品が入手できるのが玄能なのです」

—ちょっと奮発すれば、一生の宝物が買える。相田さんがつくる一流品と、そうでない玄能はどこが違うのでしょうか。

「柄を挿(す)げる穴がよくできていて、振り下ろした力が効率よく打撃面に伝わるよう計算されています。玄能づくりのキモですが、相田さんがつくるような一流品はその精度が極めて高い。玄能はさほど損耗しませんから、一生の宝物どころか、何代にもわたって使い続けられる家宝となります」

—このクラスの製品は、自分で柄を挿げないといけませんよね。

「どの店もプラス3000円程度で対応してくれるはずですよ。ご安心を」

—さて、土田刃物店は道具好きが集まるサロン。DIYを始めようとする人は、一度足を運んでみてはどうだろうか。

ツイッター配信中

土田刃物店
東京都世田谷区三軒茶屋2-16-13
☎03-3421-6979

●営業時間／10:00～19:30
●休業日／水曜日
●アクセス／東急田園都市線「三軒茶屋駅」から徒歩約2分

※価格は2023年5月現在

DIY攻略のツボ

ゼロからわかる［木材学］入門

DIYでは大工手道具を介し木と対話していく。だが、木材の基本的な性格を理解していないと、円滑な対話はできず、作業はうまく進まない。このコーナーで木材についての知識を蓄えよう。木を知れば、もっとDIYが楽しくなる。

それぞれ違う反りや曲がり板材は一枚一枚が癖を持つ

木材を扱うホームセンターにいくと、たくさんの板材が並んでいる。それを買いさえすれば、DIYはスタートできる。そう簡単に考えていないだろうか。

どれも同じに見えて、実は反りや曲がり、捻じれなど、一枚一枚は微妙に異なっていて、それぞれ独自の癖を持つ。

また、樹木の種類や板材の取り方の違いによっても、変形の度合いは異なってくる。さらに、たとえ同じ板であったとしても、湿度変化によって歪みの程度に差が出てくるのだから、厄介というしかない。

出荷時の乾燥具合、保管方法ほか、加工に適した良材かどうかを判断するファクターは他にもある。

木材は極めてデリケートな存在だ。さながら「生き物」というべきだろう。その点を理解しておかないと、決して目論見どおりにはいかないものである。

ちょっと腰が引けてきた？　大丈夫、板材が持っている、基本的な性格さえマスターすればいいだけだ。それをこれからレクチャーしていこう。

店によっては、売れ残った変形が強い板材をわざと店頭の目立つところに置き、素人に買わせようとするところもあるという。困った話である。

ババをつかまされないためにも、知識を深めておくことが必要だろう。

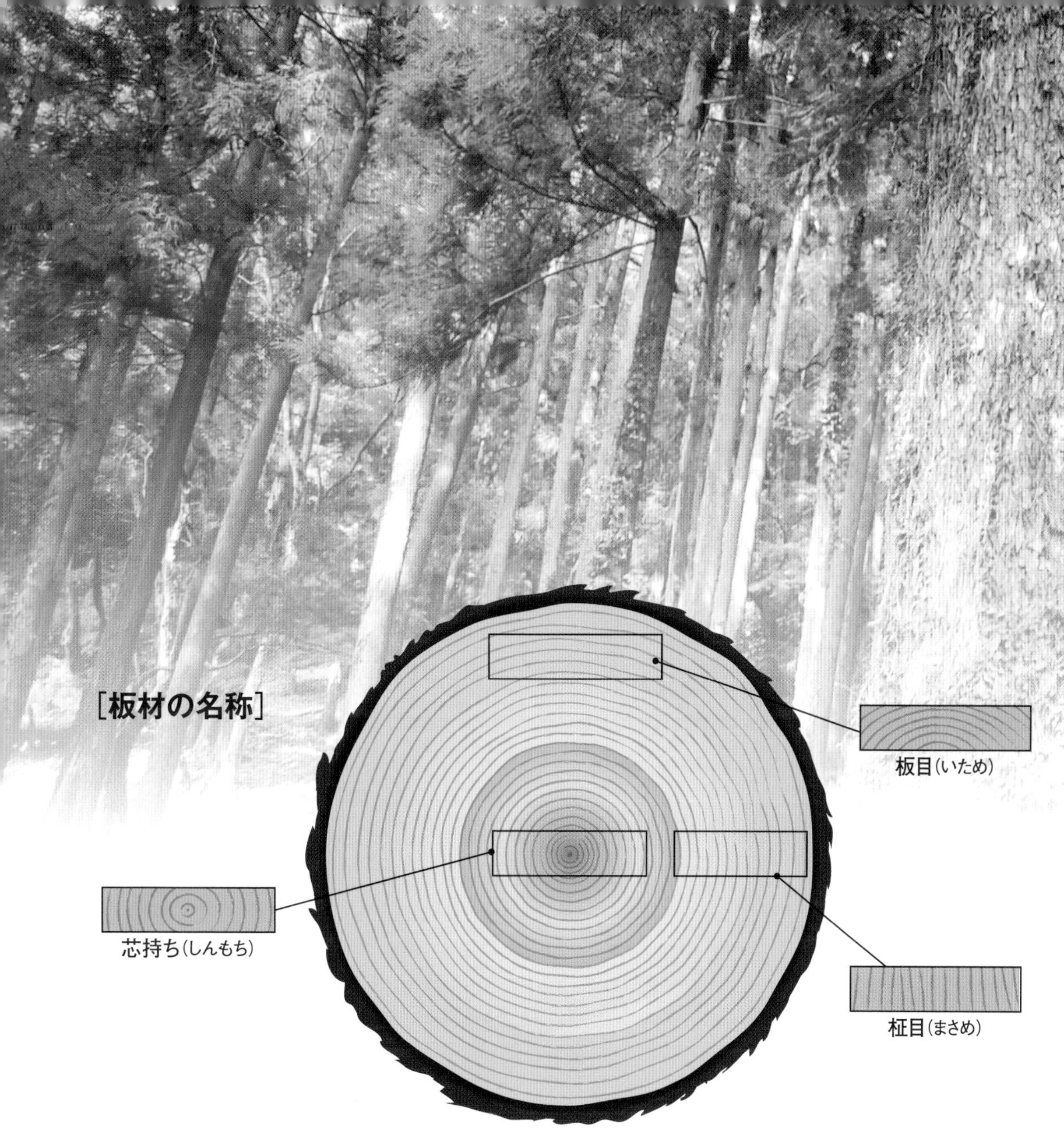

最も利用されるのが板目板 柾目板は希少部材で高価だ

山で切り倒された木は製材所に運ばれ、電動式の大型の帯状鋸（帯ノコ）でカットされ、板がつくられていく。

この作業で、「板目」「柾目」「芯持ち」という、三タイプの性格が異なる板材ができあがる（上図参照）。

一番数多く取れるのが板目だ。そのため他より値段が安く、建築材としても天井や壁材、床のフローリングに用いられ、最もポピュラーな板材といえる。

ホームセンターで販売されるのも、基本的には板目板である。幅の広い板が切り出せるのも大きな利点だ。

柾目は木目が真っ直ぐ伸びて美しいので、建具材など、見せるための仕上げ用に使われる。欠点は一本の樹木から取れる量が限られるため、どうしても高価になること。

樹木の芯を含む芯持ちは、板が割れやすく敬遠したほうがいい。ショップでも、板目に混ぜて売っていることがあり要注意だ。

3タイプの見分け方は、木口（次ページ左図参照）を見て確認すればいい。

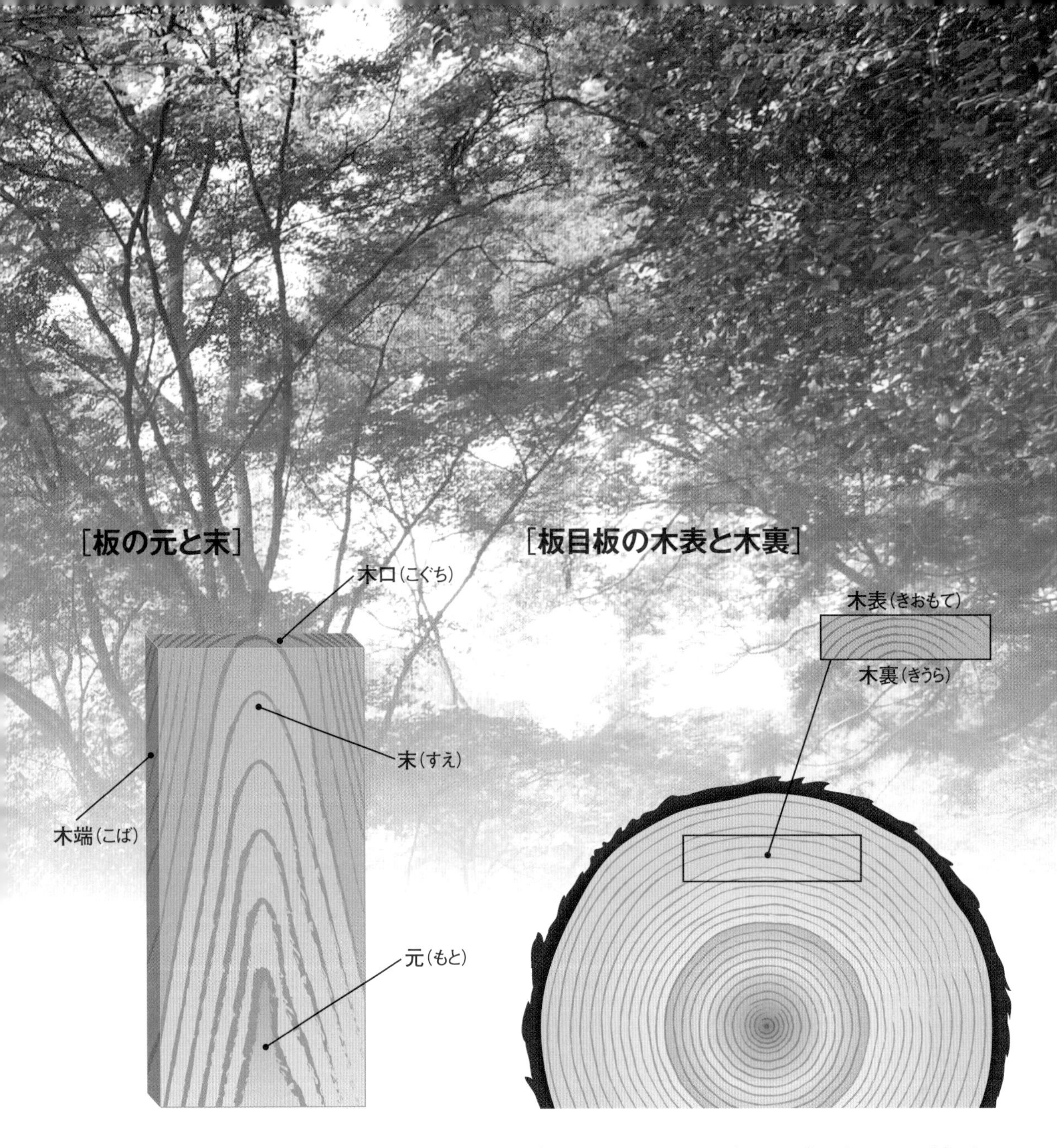

板目の板には表と裏がある違いを知って使い分けよう

板目の板において、樹芯に近いほうの面を「木裏」と呼ぶ。対して、樹皮に近いほうの板の面を「木表」としている。

木裏は木目がめくれがちで、表面がささくれ立ちやすい。

そのため木裏は人目にふれにくい、裏側に向けて用いるのが約束事とされる。

たしかに木表側を見せるように造作されるケースは多いが、要はその部材しだいだ。守るべきルールというわけではなく、DIYでも部材を見て判断すればいい。

さて、板目板には上下があることをご存じだろうか。根に近いほうを「元」とし、枝葉に近いほうを「末」と称している。

大工さんの世界では、木材を縦方向に用いるときには、生えていたのと同じ方向で使えという不文律(ふぶんりつ)がある。

多分に縁起担ぎ的な面もあるが、元を上、末を下にしてつくれば、木のことを知らない素人とみなされてしまうだろう。

元と末の見分け方は、タケノコ状の木目を見て判断する。木目幅の広いほうが元だ。

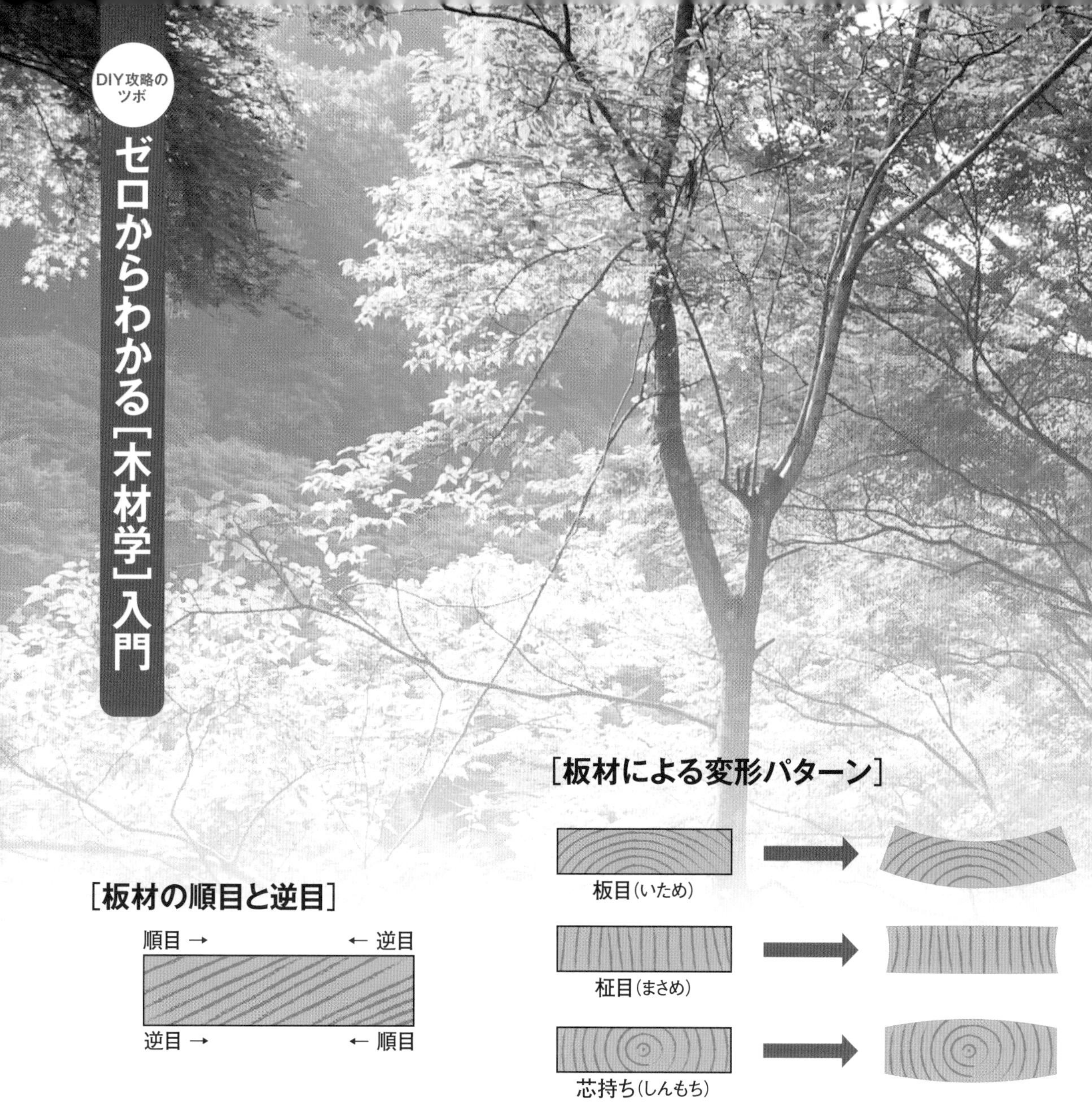

反りや曲がりは必ずある‼ 板による変形の傾向を知る

上の右図は、板材の種類による木口の変形の仕方を示したものだ。最も反りや曲がりが出やすいのが板目の板で、柾目は均質に縮むものの、変形はさほど大きくない。

芯持ちは芯の部分が膨らみ、捻じれも生じやすい。ＤＩＹで避けられるのは、この厄介な変形の仕方にもよる。

ショップでは変形が出ないよう、十分に乾燥させて売っているのだが、相手が生き物の木だけに、完全に反りや曲がりから自由になることはない。というか、変形のない板材などは皆無といっていいのである。

本誌では紙幅の関係からふれないが、反りや曲がりをいかに制するかが、ＤＩＹの醍醐味の一つにもなっている。この歪みへの対策はネットにも多数載っているので、参考にしてみてはどうか。

上図は板目板における順目と逆目の関係を説明している。大工さんの世界では、順目のことを倣い目と呼ぶことが多い。実際に触れてみれば、逆目方向は手に引っかかる感じなので、簡単に区別がつくだろう。

木材学Q&A

DIYビギナーがホームセンターの板材売り場にいっても、専門用語が飛び交い、敷居(しきい)の高さを痛感させられることになるだろう。そんな事態に陥らないよう、ここでは知っておきたい基本的な用語解説に加え、失敗しない買い方のコツにもふれていこう。

Q SPF材とは?

A 北米産の輸入材。Sはスプルース(トウヒ)、Pはパイン(マツ)、Fはファー(モミ)の頭文字で、マツ科3種の樹木で構成される。軟らかくて加工しやすく、また安価なため、DIYの主役材になった。ホームセンターで売られる木材の多くがこれ。

Q ツーバイフォーとは?

A アメリカの建築規格にもとづいた板材のサイズだ。ホームセンターに並ぶSPF材はすべてこの規格に対応している。ツーバイフォー(2×4)はその代表的なインチによるサイズ表示名で、厚さ38ミリ、幅89ミリ(下の表組参照)となっている。

[木材の規格]

規格名	厚さ	幅
1×1	19ミリ	19ミリ
1×2	19ミリ	38ミリ
1×3	19ミリ	63ミリ
1×4	19ミリ	89ミリ
1×6	19ミリ	140ミリ
2×4	38ミリ	89ミリ
2×6	38ミリ	140ミリ
2×8	38ミリ	184ミリ

※寸法はおよその数値

Q 生き節(いぶし)と死に節(しにぶし)とは?

A 節は大別すると「死に節」と「生き節」の2タイプがある。死に節は完全に黒化しているものを指し、節が抜けやすく、これがある板材は避けたい。対して生き節は、周囲と同化し抜け落ちる心配がない。生き節は板のアクセントとしても活用できる。

Q KD材って何?

A 人工的に強制乾燥させた木材のこと。半年以上、自然乾燥させたAD材や、伐採後間もない未乾燥のグリーン材に比べ、狂いが比較的少なく、ある程度、耐久性もある。ただし粘りに欠ける欠点も。ホームセンターで売られる木材のほとんどがKD材だ。

Q 集成材、合板材とは?

A 自然のままの木材を「無垢(むく)材」と呼んでいる。そんな無垢材を縦方向、ないしは横方向に連結させ、広い板にしたものが集成材だ。合板材は木目の方向を変えて何層にも無垢材を貼り合わせ、無垢材より反りや曲がりが生じにくいようにしている。

購入時のチェックポイント

板材を購入するときには、できれば反りや曲がり、捻じれのない材を選びたい。とはいえ、なかなかそうはいかないのである。

ホームセンターなどで販売の中心になっているSPF材は、軟らかいために加工が楽で、加えて安価だという利点がある。その反面、変形が生じやすいという欠点も持っている。

部材の表面が研磨され、見た目はきれいでも、反った板などは使い道が限られる。

スチール製の巻き尺、コンベックスを持参し、歪みや反りをチェックしようとアドバイスする人もいるが、コンベックスは長さを測れても、部材の変形まではつかめない。結局のところ、目視で判断するしかないのだ。

木口を見て、木表側に反っていないか。さらに板の先端方向に目を転じれば、曲がりや捻じれもしっかり把握できるはず。

実際に板を床に置き、少し動かしてカタカタしたら、変形が起きている証しといえる。

束で販売しているところもあるが、芯持ちや変形した板を含んでいるケースもある。できるだけ一枚ずつ選んで購入しよう。

SPF材は死に節が多く、褐色のヤニ（樹脂）壺を抱えているものもある。この辺りも大事なチェック材料となる。

同じサイズで比べ、軽いものを選ぶのも重要だ。重いものは乾燥が不十分で、後になって大きな変形を生じる可能性が高いのだ。

代表的建築材の特徴

●檜＜ヒノキ＞
美しい木肌と加工のしやすさから、古来より、日本の建築材の中心的役割を担ってきた。この軟材のおかげで、大工手道具も独自の発達を遂げることができた。耐久性にも優れる。

●杉＜スギ＞
日本人が最も親しんできた針葉樹だ。端正な木目も愛される理由となっている。軟木として加工しやすく、成長も早いことから、建築では柱や天井、建具まで多方面に活用される。

●赤松＜アカマツ＞
曲げに強い粘り強い性質から、古くから民家の梁などに利用されてきた。油分も豊富なため、滑りやすさが求められる敷居に利用されることも。日本人には馴染の深い針葉樹だ。

●檜葉＜ヒバ＞
東北地方や北陸地方が主産地。アスナロとも呼ばれる。板はやや黄色味を帯びて、独特な芳香を放つ。その香りの高さや殺菌作用、耐水性のよさでは、檜の上をいく良材とされる。

●栂＜ツガ＞
軟材の針葉樹のなかでは強度があり、建築では柱や土台に用いられる。木目が鮮やかで美しく人気は高いが、良材は思いのほか少ない。いきおい栂の普請は高額なものになりがちだ。

●欅＜ケヤキ＞
明瞭な木目を持つ広葉樹。仕上げ面を磨くと光沢が出て、木目を引き立てる。良材は銘木とされ、高い価格での取引となる。江戸時代には寺社建築などの主要な建材に用いられた。

●栗＜クリ＞
縄文時代から日本人の生活のそばにあった広葉樹だ。実が食用となり、生育面での管理のしやすさも大きな要因だった。耐水性に優れ、家屋の土台に活用されることも少なくない。

●桜＜サクラ＞
木目の複雑さで珍重される。風雅な雰囲気を醸すため、敷居や鴨居に用いることもある。また、光沢のある樹皮の表情も独特で、あえて皮つきのまま、床柱などに用いることも。

金属刃物産業が盛んで、手打ち道具をつくる工房も多い兵庫県三木市には、それに関連するスポットが点在する。DIYに興味がある人ならば、一度は訪れたいまちだろう。かつて城下町だっただけに、しっとりとした旅情も味わえる。

日本最古の鍛冶(かじ)のまち

秋の「三木金物まつり」も大盛況 大工手道具の聖地、三木市を歩く

県内外から15万人が集まる大工手道具中心の一大祭典

兵庫県中南部、神戸市の北西に位置する三木市は、日本における大工手道具産業の中心地の一つだ。巻頭特集で取材させてもらった常三郎ほか、多くの手打ち道具の鍛冶(かじ)もここに工房を構える。

来場者でにぎわう三木金物まつり
◎写真提供／三木市総合政策部

普段は人口7万3000人余の静かな地方都市だが、毎年11月の第一土・日曜日には「三木金物まつり」が開催され、県内外から15万人が集まって活況を呈する。

金物まつりは市内の三木山総合公園広場をメイン会場に、物産展や直売会などが催される。ここでお目当ての手打ち道具を入手する人も少なくない。

古式にのっとった鍛冶の鍛錬ショーや刃物づくりほか、イベントも盛りだくさんだ。

5月下旬には、様々な体験型メニューを用意した「鍛冶でっせ！」も三木市で開かれる。

こちらのフェスティバルは、大工手道具の魅力を知ってもらおうと、地元の鍛冶工房が中心になって始めたものだ。

鉋（かんな）薄削り大会や鋸（のこぎり）を使った工作教室、鍛冶屋体験、丸太切り競争ほか、親子で楽しめるイベントが充実する。

くわしい日程は、三木市のホームページなどで確認してほしい。

さて、大工手道具の聖地だけに、その歴史や由緒を今に伝える、三木市立金物資料館が上の丸町に開設されている。

館内には貴重な資料が展示され、大工手道具好きなら見飽きないはずだ。学芸員さんも常駐していて、質問すれば親切に説明してくれるだろう。

毎月第一日曜日には、資料館の前でいにしえの鍛冶技法を復活させた、古式鍛錬の実演もしている。

金物資料館に隣接して鎮座するのが金物神社だ。金物に縁のある三神を祀り、関連業者から崇敬を集めている。三木市を訪れたら、ぜひ参拝にいこう。毎年12月の第一日曜には、ふいご祭も行われる。

三木市立金物資料館の館内。大工手道具の進化や変容がわかり、DIY派は必見だ

金物資料館に隣接して鎮まる金物神社。鍛冶、製鋼、鋳物（いもの）にまつわる金物業者の守護三神を奉斎している

三木市立金物資料館は校倉（あぜくら）様式のしゃれた建物。定期的に金物に関する特別展も開催している

三木市立金物資料館
兵庫県三木市上の丸町5-43
☎0794-83-1780

●開館時間／10:00～17:00　●入館料／無料
●休館日／月曜（祝日の場合は開館、休館はその翌日）・年末年始　●アクセス／神戸電鉄粟生線「三木上の丸駅」から徒歩約5分

2019年に開催された「鍛冶でっせ！」のチラシ

飛躍の契機は秀吉の復興令
江戸期には全国に名が轟く

そもそも三木が大工手道具の聖地に発展したきっかけは、天正6（1578）年の三木合戦だったという。

織田信長の配下だった羽柴秀吉が三木城主の別所長治（べっしょながはる）を攻め、敗れた長治は自刃し、三木は焼け野原になった。

秀吉は荒廃した三木の復興を命じ、大工職人とその道具をつくる鍛冶職人を各地から集めた。そして復興が終わって大工職人が全国に散ると、彼らが手にする三木で製作された大工手道具が評判を呼ぶ。

かくして三木鍛冶の名声は広まり、江戸時代には播州（ばんしゅう）三木の打ち刃物として全国的に有名になった。三木には大工手道具を卸す問屋が軒を連ねたそうだ。

そんな面影を今に伝えるのが、三木駅の近くにある卸商の黒田清右衛門商店である。江戸時代中期の明和2（1765）年に開業したというからすごい。

三木で現在まで営業を続けている唯一の金物問屋で、現在の店主・黒田泰義さんはその10代目にあたる。また、江戸期のままの格式ある店舗は、国の登録文化財に指定されている。この建物を見れば、三木の往時の繁栄が想像できるだろう。

ちなみに卸業ではあるが、一般向けにも商品を販売してくれるとのことだ。

大工手道具をチェックしたいなら、市の南部にある道の駅みきにも足を運びたい。二階が金物展示即売館になっていて、三木で製作された手道具がずらりと並んでいる。

どこで買っても同じではあるが、やはり産地で入手するのはオツなものである。

なお、常三郎では積極的に工房見学を受け入れているが、他の工房も熱心なところが少なくない。ネットで調べ、訪ねてみてはどうだろうか。

大工手道具のまちとして知られる三木だが、戦国時代の遺構も多い。市の北部には炭酸泉の吉川温泉もあり、その他、観光名所は盛りだくさん。それらと組み合わせて巡れば、きっと素敵な旅になるはずだ。

黒田清右衛門商店
（くろだせいうえもんしょうてん）
兵庫県三木市本町2-3-26
☎0794-82-0009

●営業時間／10:00〜17:00
●休店日／土日祝日・年末年始
●アクセス／神戸電鉄粟生線「三木駅」から徒歩約3分

金物展示即売館
兵庫県三木市福井字三木山2426
☎0794-82-7050

●開館時間／9:00〜17:00
●休館日／年末年始
●アクセス／山陽自動車道「三木小野」ICから車で約5分。「道の駅みき」2F

◎写真提供／株式会社みきやま

第4章

掘る道具——鑿(のみ)

三大大工手道具の一角を占めながら、昨今、電動工具の普及で手打ち鑿の影が薄くなっているのが残念だ。だが、手刻みだけで継手仕口(つぎてしくち)を完成させたときの達成感はこの上ない。DIYの面白さが鑿打ちにもつまっている。

鑿学入門

部材にホゾ穴を開け溝も掘る 最も種類が多い大工手道具

木と木を組むためのホゾ穴を刻む。また溝を掘ったり表面を削ったりもする。電動の角鑿やトリマーに押されているが、丁寧な加工ができるのが手打ち鑿だ。手打ち鑿の魅力を再発見しよう。

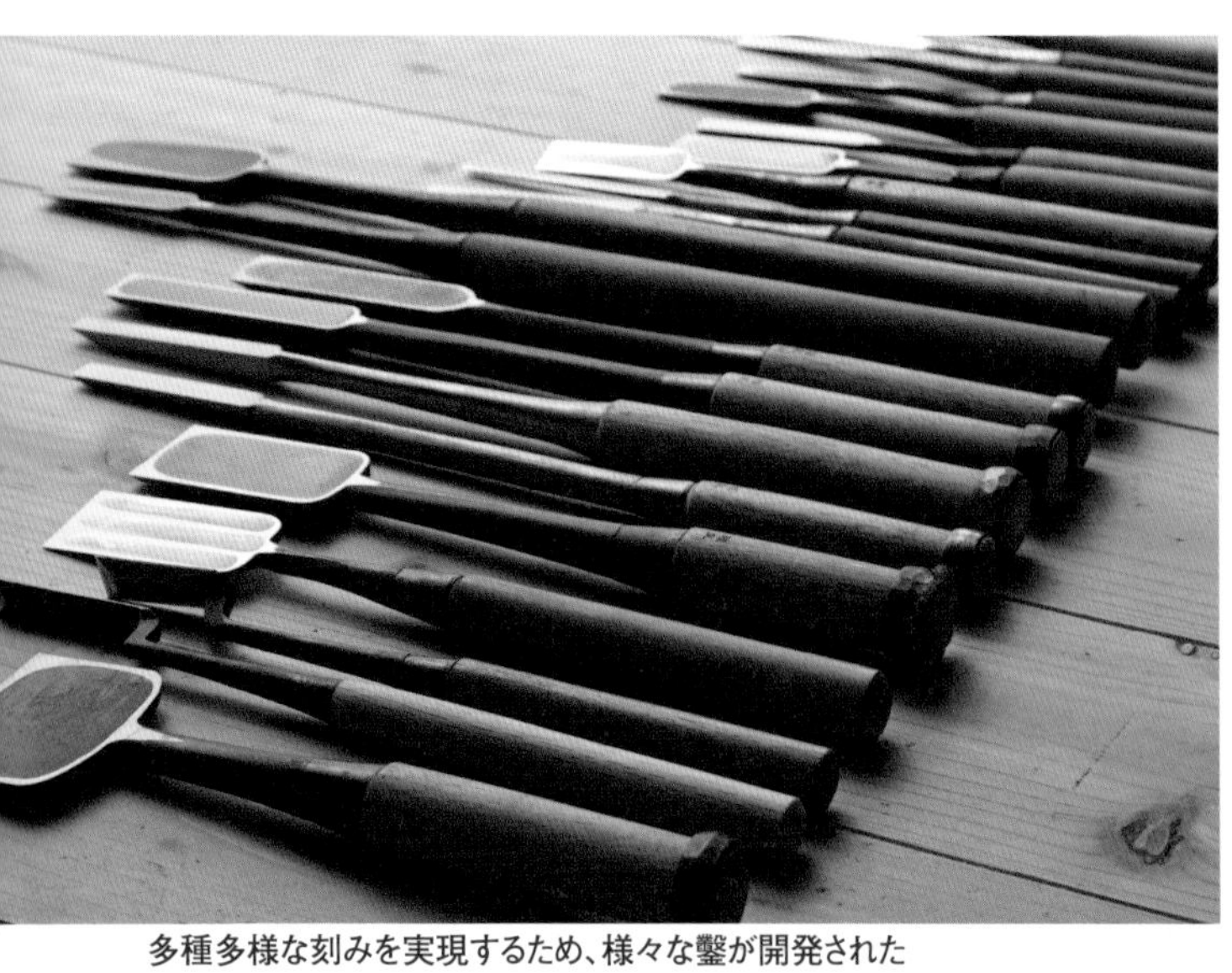

多種多様な刻みを実現するため、様々な鑿が開発された

鍛冶(かじ)職が鍛えた手打ち鑿でスローなDIYライフを!!

部材を切り刻む刃のついた金属部分と木製の柄。鑿はシンプルな構造ながら、最も種類が多い大工手道具だ。学校の工作の時間に使った彫刻刀も鑿の一種である。

木組みのホゾ穴を掘る際に、穴より大きな鑿では刻めない。そのため様々なサイズが生まれた。加えて、目的のホゾ穴を開けるために、それに適した鑿が開発されていく。これも種類が増えた理由だった。

さて、長らく大工手道具を牽引してきた鑿ではあるが、電動の角鑿やトリマーなどが登場し、地盤沈下が進んでいる。効率からいえば明らかに分が悪い。鑿ではなく、角鑿やトリマーを用いてのホゾ穴掘りを教える木工教室も増加してきた。

今はコストパフォーマンスならぬ、タイムパフォーマンス（タイパ）の時代だとか。こんなご時世だからこそ、つくってくれた鍛冶職人さんに思いを馳せながら、あえて手打ち鑿でスローなＤＩＹライフを送るのも、一興なのではないだろうか。

なお、ホームセンターに並ぶ安価な鑿を手打ちだと思っている方がいるようだ。だが、ついている刃は工業的に生産されたもので、鑿鍛冶が鍛え上げたものではない。

よく研げばそれなりに切れるが、刃は靭(じん)性(せい)（粘り強さ）に欠け、切れ終わりも早いとプロは指摘する。手打ちに比べ、頻繁に研がなくてはならない点が弱点のようだ。サブ的な使い方ならアリかなとは思う。

鉋(かんな)や鋸(のこぎり)同様に、鑿にも替え刃式がある。掘る対象に合わせて刃の鋼の質を変えられ、替え刃は研ぐこともできる。

刃幅の違う鑿を手軽に所有できるというのがコンセプトで、興味のある人はサブ鑿としてチェックするのもいいだろう。

慣れてしまえばホゾ穴も短時間で開けられるようになる

鑿の発展によって生まれた世界に誇る日本の継手仕口(つぎてしくち)

和風建築の神髄は木組みにあると評される。その多様さと緻密さは、世界に類がないほどだという。

木組みの発展には鉋や鋸も貢献したが、最大の功労者は鑿である。鑿を入手したら木組みに取り組むことになるが、ここで木組みについて簡単にふれておこう。

木と木を接合する木組みは、正式には継手仕口と呼ばれる。継手は木材を継ぎ足して長くするもの。短い部材が有効に活用できるメリットは大きい。

そして、仕口は二つの部材を直交ないしは斜め方向に接合させる組み手のことだ。DIYでも仕口は多用される。

継手仕口で接合するのは、木材は変形するものだからである。つなぐことで、互いに変形する力を吸収し合い、構造物全体を頑丈にして長持ちさせる。

釘やネジによる固定ではこうはいかない。木材の変形する力に負け、必ずガタが生じてしまうものなのだ。

上の写真は継手仕口のほんの一端だ。バリエーションは無限といいたくなるほど多く、昔の大工さんは、自ら考案した継手仕口を自慢し合ったという。

継手仕口の世界は奥深い。一度はまると、もう木工から抜け出せなくなるはずだ。

襟輪留(えりわどめ)/堅牢な仕口
◎写真提供/竹中大工道具館

蟻落し(ありおとし)/仕口の定番
◎写真提供/竹中大工道具館

腰掛鎌継ぎ(こしかけかまつぎ)/継手 ◎写真提供/竹中大工道具館

腰掛蟻継ぎ(こしかけありつぎ)/継手 ◎写真提供/竹中大工道具館

玄能で打撃して使う叩き鑿
突き鑿は押して部材を削る

左が叩き鑿で右側が突き鑿。ともに八分鑿である

鑿は基本的に、叩き鑿と突き鑿の二つのグループに大別される。右側の写真のうち、左が叩き鑿で、右が突き鑿だ。

叩き鑿は玄能で柄の頭部を叩いて使用する。部材にホゾ穴を掘る仕事がメインだ。

頭部に金属の輪＝冠（下り輪）がはめられているのは、衝撃が加わる柄部分の割れを防ぐためである。

鑿といえば、この叩き鑿を思い浮かべる人が多いのではないだろうか。

一方の突き鑿は長い柄が特徴だ。叩き鑿で掘ったホゾ穴や、鉋がかけられない狭い場所の削り仕上げに用いられる。

また、複雑な形状のホゾ穴、ホゾを刻むときにも活躍する。

手で突いたり押したりして使い、そのため握るための柄が長く、刃先も叩き鑿よりは鋭利な角度に仕立てられている。玄能で叩かないので、冠は装着されていない。

DIYレベルでは、突き鑿は活躍する機会の少ないアイテムといえる。叩き鑿で仕上げ削りを代用してしまうからだ。

だが、もうワンステップ進むためには、必ず必要になる手道具である。

一部に、叩き型と突き型の両タイプにまたがる鑿も存在。混同しないようにしよう。

さて、鑿は刃幅でサイズが表示される。通常は「ミリ」が用いられるのだが、鋸や鉋と同じく、手打ち鑿でも尺貫法の「寸」や「分」が生きていて、たとえば「一寸四分」などと呼ばれる。

一寸は約30・3ミリ、分は約3・03ミリだから、一寸四分はおよそ42・42ミリの刃幅を持つ鑿を指している。何かと煩わしい尺貫法だが、尺（約303ミリ）や寸、分などの換算を頭に入れておけば、手道具への理解はより増すだろう。

ホゾ穴を掘るのが叩き鑿の主な役割だ。そのために叩き鑿は頑丈につくられている

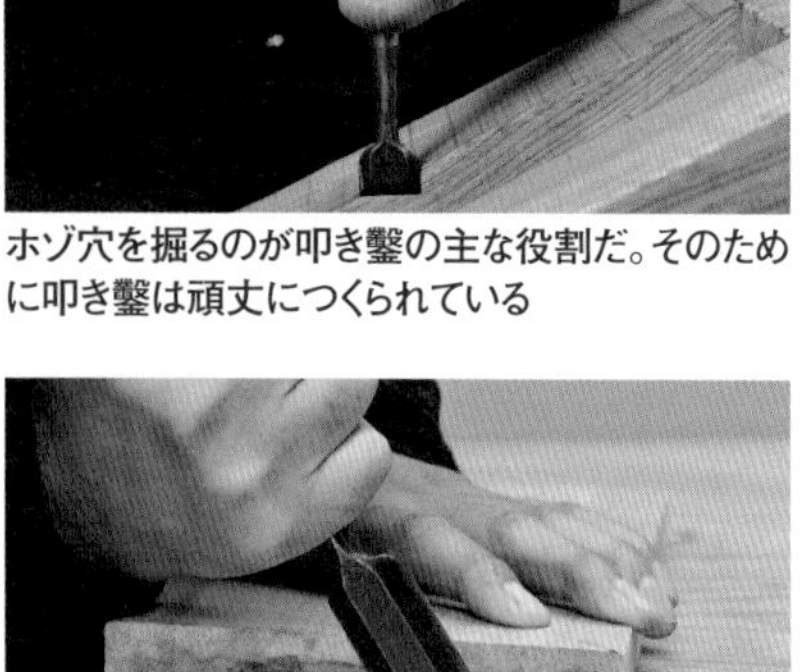

突き鑿を使うまでもない場所では、叩き鑿を用いて仕上げ削りや脇削りもしてしまう

ホゾ穴が深かったり広かったりすると、やはり突き鑿による削り仕上げが必要になる

第4章 掘る道具——鑿

組めば人目にふれないホゾ穴 それでも丁寧に掘れと鑿がいう

上側が地金でできた表刃で、先端に刃先が設けられる。下の平面が鋼でつくられた裏刃

掘るためのメカニズム

緻密な刻みを可能にする手打ち鑿の優れた仕組み

日本の鑿は、海外の鑿が足元にも及ばないほどよく切れる。それは海外の鑿にはない、独自の工夫が施されているからだった。身近な叩き鑿を例にして、その秘密にアプローチしていこう。

鋼と地金による二層構造で軽快な切削加工を実現する

手打ち鑿の製作工程は、鉋（かんな）と極めて似ている。地金に鋼を載せて炉で熱し、叩いて貼り合わせる鍛接（たんせつ）から始まる点も同じだ。

ただし、鉋が極めて軟らかい錬鉄（れんてつ）を地金に採用するのに対し、鑿では極軟鋼が使われるのが一般的である。錬鉄では軟らかすぎて、打撃に耐えられずに変形してしまうからだ。

また、手打ち鉋の多くが鋼に日立金属が製作す

刃先で一段と輝いているのが、鋼でできている切刃。その上が地金からなる鎬面（しのぎめん）

玄能で打ち込む叩き鑿は主にホゾ穴掘りに用いられる

る安来鋼の青紙シリーズを用いるが、鑿では青紙よりもやや軟らかい、同社の白紙シリーズが装着される。

玄能（げんのう）によって激しい打撃が加えられる鑿では、硬度の高い青紙は刃が欠けやすくなるというのが理由だ。鑿と相性がいい白紙ゆえに、粘りのある切削が可能になった。

ところで、海外の鑿の主流は鋼だけで刃が製造されている。それなのに、なぜ日本の鑿は、地金と鋼の二層構造をとるのか。

鍛接により、裏刃の穂部分、そして表刃の切刃部分が鋼で、表刃の穂、首、込み部分は地金という構造になる。

これにより部材からの反発力を地金に吸収させ、硬くて脆い刃先を保護する。日本の鑿ならではの優れた仕組みだ。

また、鋼が地金をコの字型に包むことで、クッションを抱いた形状にし、鑿全体の強度を高め、衝撃による変形を防いでいる。

経験のなかから学んだ知恵なのだろう。なんともよくできたシステムである。

鋼だけの海外の鑿は、叩いたときの反発力が大きい。これでは細かい造作（ぞうさく）は無理で、地金の役割の大切さがよくわかる。

裏刃部の平面が出しやすい裏スキという独自の仕組み

鉋同様に二層構造にするのは、研ぎやすくするためでもあった。硬い鋼だけでは研磨に時間がかかる。表刃の研ぎ味のよさも日本の鉋のセールスポイントだ。

さて、海外の多くの鑿には裏スキがない。裏スキは裏刃に設けられた楕円形状の浅い

研ぐ面積を少なくするために設けられた裏刃の裏スキ

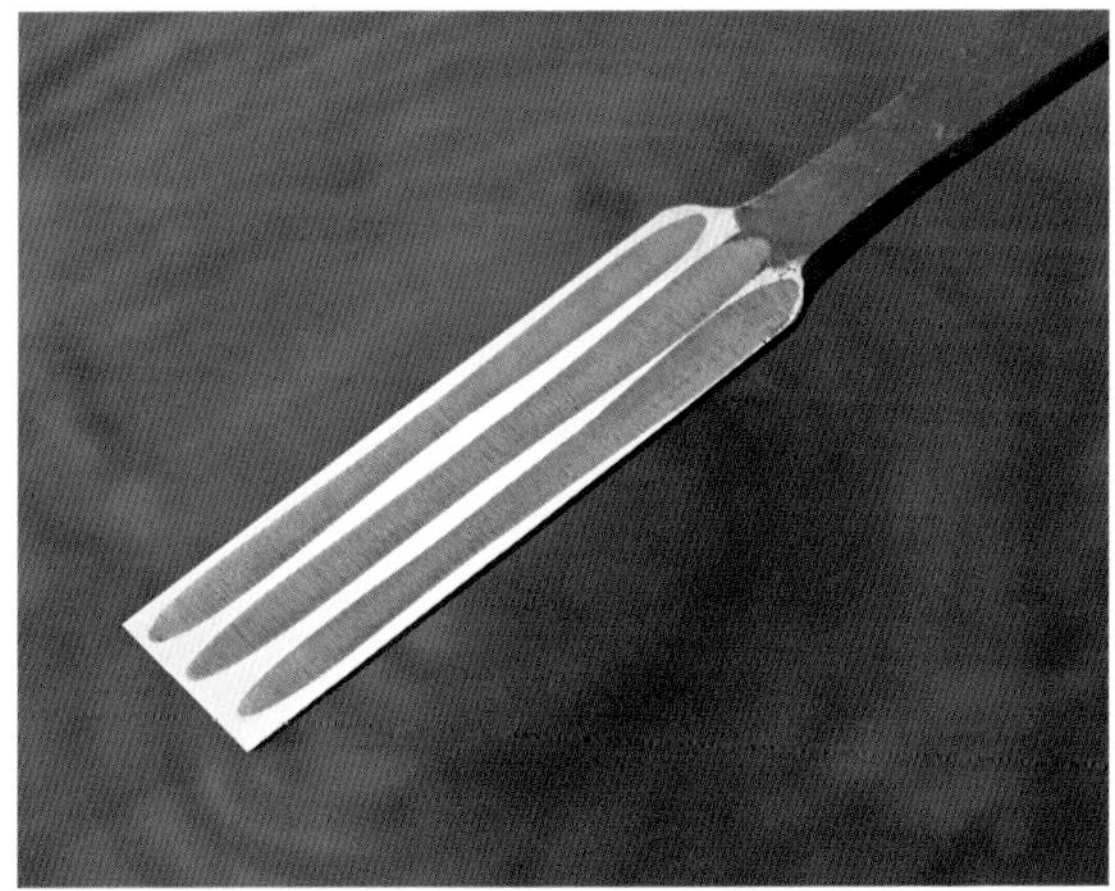

裏スキが三か所ある三つ裏。高額鑿の証しでもある

研ぎを重ねることで、裏スキさえもなくなった左の鑿

窪みで、日本の鉋にもつけられている。

そもそも裏スキは、鋼でできている裏刃の研ぐ面積を少なくするための工夫である。

鑿にとって裏刃の平面性は重要だ。ホゾ穴を刻む際、墨線に沿って掘り下げていくのだが、裏刃の平面性が悪いと、穴は正しく開いてくれない。結果、木組みに隙間が生じ、頑丈さに問題がでてくる。

裏刃は正確な切削に導く「定規」といわれるゆえんだ。

裏スキによって研ぐ面積が減り、裏刃の平面性は出しやすくなった。つまり裏スキは、緻密な切削を支えている大切な機能ということになる。

さて、裏スキは通常は一か所だが、「二つ裏」ないしは「三つ裏」(前ページ中段写真)を持つ鑿も存在する。

裏スキと裏スキの間の平面部分が、打ち込み時の刃のブレを抑えるとされるが、製作に手間を要し、比較的高級品に採用される。なお、海外の鑿だが、日本とは事情が異なり硬い部材ばかりを相手にする。緻密なホゾ穴開けよりも穴開け自体を優先した。

刃が鋼だけでつくられ、裏スキもないのには、そんな自然環境の違いがあった。


鑿のテーマは打撃力をいかにロスなく刃先に伝えるかだ

頭部に加えられたパワーを効率的に刃先に伝えていく

玄能によって頭部に加えられたパワーは、柄の内部を走り、首から穂先、さらに刃先へと伝達される。

柄から込みにかけ、フォルムが絞られる点がキモだろう。断面積が少なくなることで、単位面積あたりに受けるパワーはアップする。力学的にみて、よくできたエネルギーの伝達システムといっていい。

さて、右の写真は中国で使われている鑿だ。首の部分を袋状に仕立て、袋内の穴に木の柄を差して使う。これを「袋式(ふくろ)」、な

中国で使われている鑿は、袋状の口金に木の柄を差し込む。硬材の加工を前提にした仕様だ
◎写真提供/竹中大工道具館

[鑿のパーツ名称=裏刃側]

※鑿の刃の「表」「裏」表記は本来、正式なものではないが、学校教育の教材に用いられて一般化していることから、本書でも「表」「裏」で記述している。

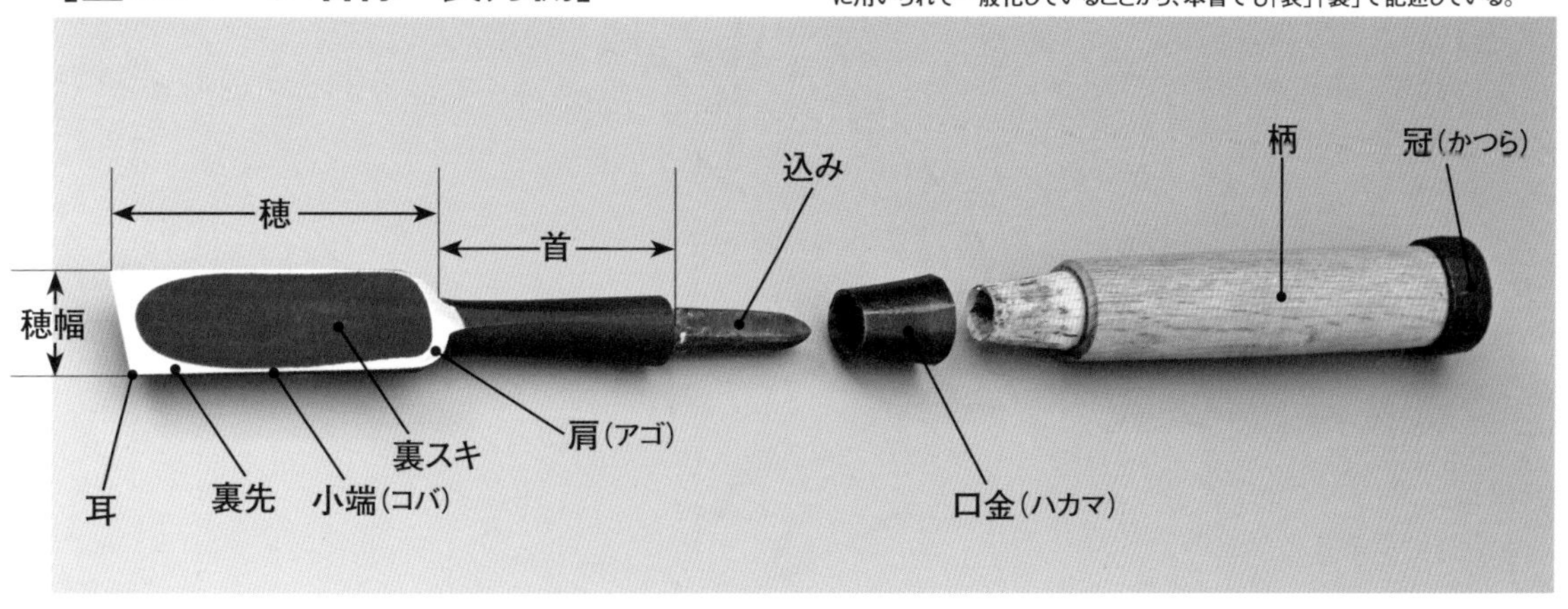

[鑿のパーツ名称=表刃側]

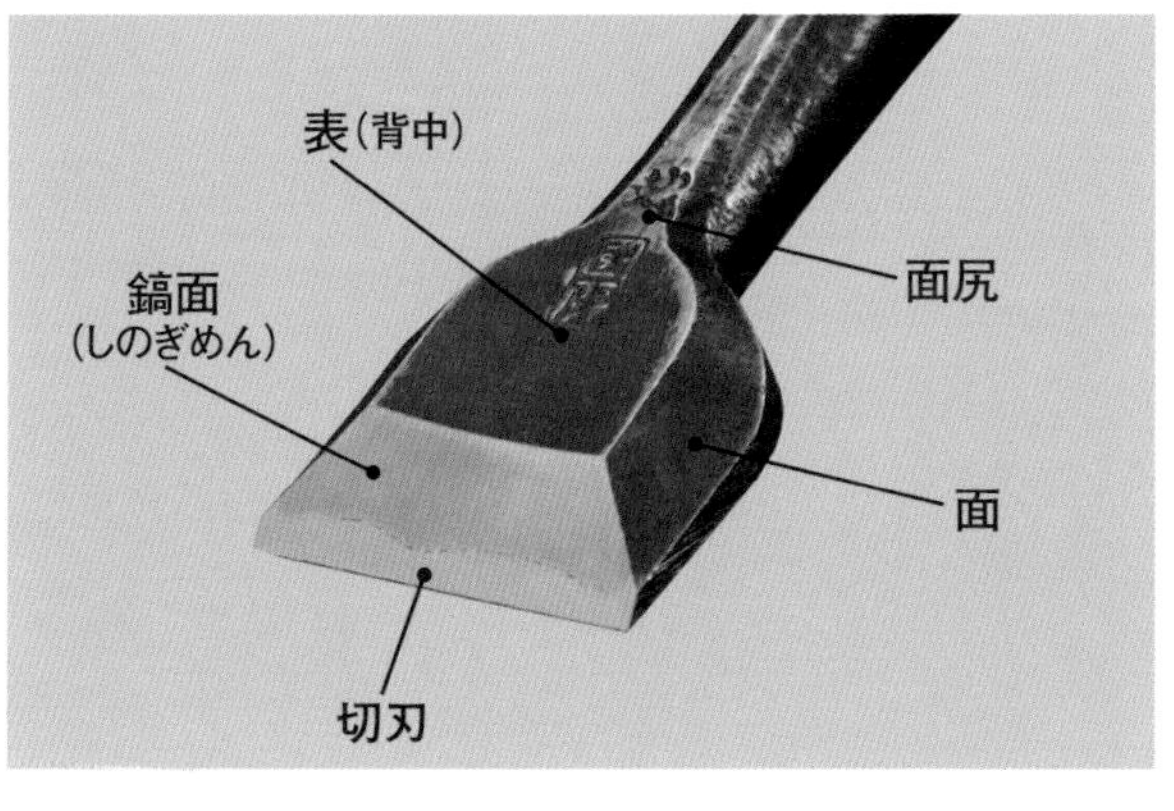

いしは「ソケット式」という。

対して現在、日本で用いられる鑿は、柄に開けた穴に込み部を差し込む。「茎式」、「込み式」「タンク式」と呼ばれる形式だ。

かつて日本では袋式と茎式が併用されていたが、中世に今の茎式が一般化した。

また、私たちの鑿は表刃にだけ刃がある「片刃式」だが、中世以前には両側に刃がある「両刃式」も使われていた。

茎式や片刃式を日本人が選んだのは、精密な加工ができるからだった。

現状に満足せず、もっといい仕事がしたい。鑿にも脈々と受け継がれてきた、日本の前向きな職人哲学だ。

一本の手打ち鑿を手にしたとき、ぜひそれを実感してほしい。

それだけ日本の鑿は素晴らしいのである。

コラム

研ぎ減ってもまだまだ現役 鍛冶職人へのリスペクト

DIYレベルでは考えられないが、プロの鑿はハードワークと頻繁な研磨により、やがて原型を留めなくなる。

撮影にご協力いただいた「工匠常陸」では、そんな鑿を放棄せず、別な用途のために仕立て直して使い続ける。

鍛冶職人が丹精込めてつくった鑿である。この姿勢を見習いたいものだ。

裏スキが消滅した鑿を、突いて使う剣先鑿につくり変えた

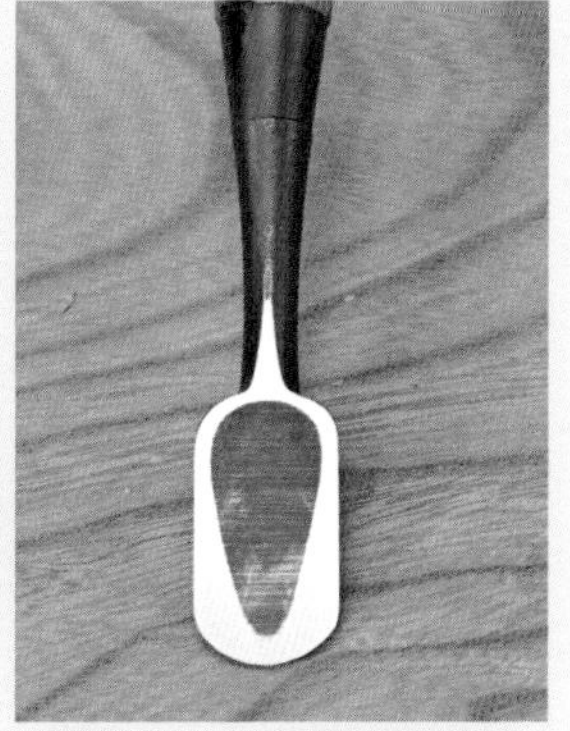

刃先を丸めて、部材に突き刺さりやすいように加工した

鑿
ヒストリー

より鋭利な切削を求めて変身 二千年の歳月が鍛え上げた鑿

基本的な形状は変化していないとされる鑿だが、現在の姿になるまでには様々な変遷をたどった。鑿が日本に伝来したのは弥生時代のこと。そこから今に至る歴史を駆け足でみていこう。

5世紀の古墳から出土した鑿(復元)。右が袋式で左が茎式
◎写真提供／竹中大工道具館

弥生期に鉄製の鑿が伝来し 組手利用の大型建物が出現

紀元前3000年以降のエジプトの遺跡から、銅製の鑿が出土している。人類と金属製の鑿とのつき合いは相当に古い。

日本には、弥生時代に中国から鉄製の鑿が伝わってきた。

この時代に継手(つぎて)仕口(しくち)をともなう大型建物が建てられるようになるが、ホゾ加工のできる、鉄鑿が使われ出したことが大きい。

古墳時代の首長層の墓には、副葬品として大工手道具がしばしば埋納された。発掘調査によって鑿も見つかるが、弥生期にはなかった、刃幅が広くて肩をもつ鑿が多数出土する。

法隆寺の古材に残る刃痕より推定復元された古代の鑿
◎写真提供／竹中大工道具館

鉄の鍛造技術の大幅な向上が、この形状変化を可能にした。

また、古墳には刃を袋(ふくろ)状につくって柄を挿げる袋式と、柄に込み部を差して使う茎(なかご)式が納められ、両タイプが併存していたことがわかっている。

13世紀の両刃型の鑿(復元)　◎写真提供／竹中大工道具館

ちなみに、この2タイプが叩き鑿と突き鑿の原形と見ることも可能だが、古墳時代にどんな使われ方をしたのかは不明で、あくまでも推測の域を出ない。

鑿の技術変革として、叩き鑿に被せられた冠の存在がある。柄の割れを防ぐ仕組みだが、その登場は奈良時代から平安時代とされるが、くわしいことはわかっていない。

『今様職人尽百人一首』(江戸中期、近藤清春　作・画)に描かれた鑿を打つ大工。当時、大工は賃金が高い花形の人気職業だった

室町期に片刃で茎式に統一 現行のスタイルに近づいた

鋸の章でもふれたが、日本では板をつくる方法として、縄文時代から丸太を割る打割製材が用いられてきた。

そして、打割をする際にはクサビだけでなく、鑿も使われてきたという。

つまりホゾ穴を刻むだけが鑿の仕事ではなく、丸太を割る際にも部材の縦方向に打ち込んで用いられてきたのだ。

その割裂作業において、現在の表刃にだけ切刃をつけた片刃ではなく、穂の両側に刃を設けた両刃式が使われていたようだ。

それが片刃方式に統一されていくのは、室町時代のことである。背後には、製材方法の変化があったと考えられている。

15世紀頃、中国から伝来した二人で挽く大鋸が普及する。これにより製材技術が効率化した。鋸によるひき挽わり割製材の拡大だ。もはや丸太に鑿を打ち込んで、板をつくる必要はなくなった。鑿の仕事はホゾ穴掘りが中心となっていった。

この役割変更に即し、継手仕口の加工に適した片刃式になり、さらに柄の挿げ方も、細かい造作ができる茎式に移っていった。

現在のスタンダードな鑿は、室町時代にほぼできあがったといえるだろう。

折しも、数寄屋造といったデリケートな造作が求められる時代になっていた。鑿もそれに歩調を合わせ、精緻な切削を実現する方向に進化した格好だ。

なお、残る技術革新は裏スキだが、これは江戸時代の後半になってから普及した。日本の鑿を特徴づける裏スキだが、登場は意外に遅かったのである。

江戸期は大工手道具の機能が分化し、多種多彩な道具が生まれていった時代である。鑿も例外ではなかった。

開けた溝の底をさらうための鏝鑿ほか、一芸に秀でる様々な鑿が生み出された。

ホゾ穴の掘りを専門とする穴大工（穴職人とも）が、大工職から分離して独立したのも江戸時代だった。

彼らは盛時、一日に40個ものホゾ穴を開けていたという。そんな穴大工が姿を消したのは、昭和40年代のことだった。理由は電動角鑿の普及による。

二千年の歴史を有する手打ち鑿の、斜陽を告げる象徴的なできごとだった。

芸達者で個性的な鑿を使って ＤＩＹ生活をグレードアップ

大工手道具のなかで最も種類が多い鑿だが、外見からは何に使うかわからないものも少なくない。だが、活用すればワンランク上のＤＩＹライフは間違いなし。そんな鑿の世界を旅してみよう。

追入れ鑿のワンセット。裏刃のサイズの違いがよくわかる

ホゾ穴刻みから仕上げまで 鑿といえば追入れ鑿の時代

かつて鑿の世界で、横綱的な扱いをされていたのが本叩き鑿だった。刃が部厚くて首や柄も長い。見るからに頑丈なつくりで、柱や梁などの構造材に深くて広いホゾ穴を掘る荒仕事を担った。

本叩き鑿を主に使ったのは、江戸時代から続く、穴大工（穴職人）と呼ばれたホゾ穴掘りの専門家たちだった。

前ページでも述べたように、昭和40年代、機械化の進展で穴大工は建築現場から退場していく。それにともなって本叩き鑿の存在感も薄くなっていった。

代わって台頭したのが追入れ鑿だった。大入れ鑿とも呼ばれるこの鑿は、家具などの細かい造作がメインで、本叩き鑿に比べれば、刃は薄くて首も柄も短い。

加工対象が小物中心に移ることで、この主役交代が起こった。

追入れ鑿は、明治の初めに東京の八丁堀の鍛冶職、国弘が叩き鑿のミニ版として考案したものだった。

その後、規格として定着し、現在では鑿といえば追入れ鑿を思い浮かべる人がほとんどだ。ＤＩＹでも超定番となっている。

10本組のセットで売られているが、一本単位でも購入できる。五分鑿あたりを入手し、必要に応じて買い足していけばいい。

新しい鑿を入手することでDIYの次のステージへ

追入れ鑿を何本かそろえれば、かなりの造作が可能になる。継手仕口（つぎてしくち）がつくれることで、充実したDIYライフが送れるだろう。それは間違いない。

ただ、別ジャンルの鑿、たとえば鎬鑿（しのぎのみ）をラインに加えれば、正確な蟻継（ありつ）ぎが実現でき、充実度はいっそう増すはずだ。

ちなみに、蟻継ぎとは、蟻の触覚のような逆ハの字状に広がったホゾ穴やホゾを用いる、木組み接合の仕方のことである。

これは他の鑿にもいえる話で、その鑿を手にすることで、DIYの新しいページが開くのだ。なんと素敵なことだろう。

以下、鑿世界の代表的なプレイヤーたちを紹介していく。

ただし、これがすべてではない。これ以外にも興味深い鑿がどっさり控えている。

そして、忘れてはいけないのは、素晴らしい造作ができるよう、情熱を傾けて鑿を手づくりした鍛冶職人さんの気持ちだ。

そんな思いを汲みつつ、個性派がそろった鑿世界に足を踏み入れてみよう。

追入れ鑿

おいいれのみ

ホゾ穴掘りから仕上げ削りまで対応 ビギナーはまず追入れ鑿をチェック

鑿全体のスタンダード的な位置づけがなされ、DIYでもまずマークすべき叩き鑿である。一分（約3ミリ）から一寸四分（約42ミリ）まで、刃幅の違う10本で構成される。もちろん使う目的にもよるが、三分、五分、八分あたりをそろえる人が比較的多いようだ。なお、一分鑿があれば、鉋（かんな）の押さえ溝の調整に便利だ。

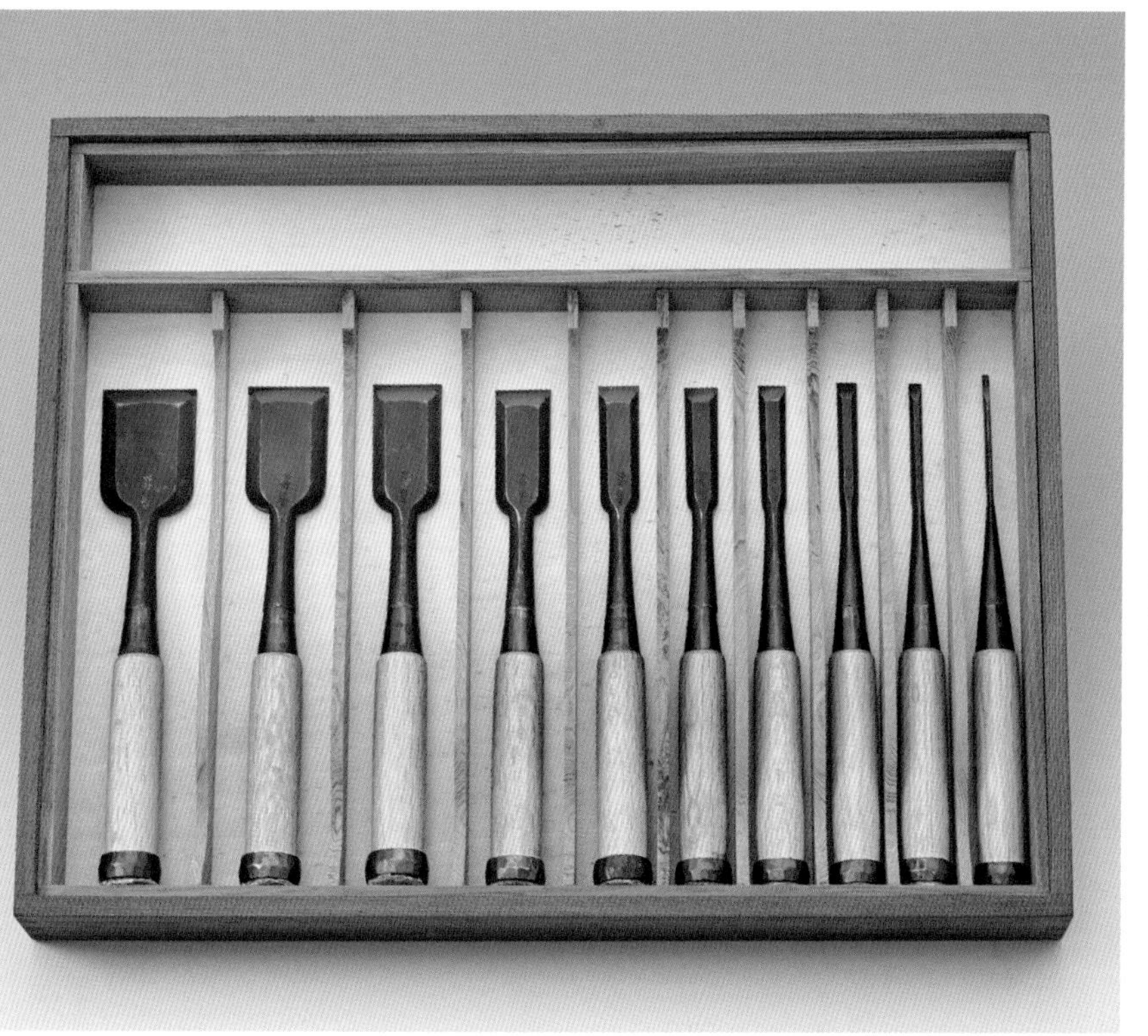

中叩き鑿

ちゅうたたきのみ

大がかりなDIYを志向する人向け 本叩き鑿と追入れ鑿の中間的な存在

地域によっては「半叩き」と呼ぶ。荒仕事向けの本叩き鑿と造作中心の追入れ鑿の間を埋める存在だ。プロ向けの色彩が強く、DIYでも大きめな創作に取り組みたいという人には、追入れ鑿よりこちらがオススメ。刃幅は一分から一寸六分までとバラエティに富む。左の写真は10本セットだが、追入れ鑿と同様に一本単位でも購入できる。

中叩き鑿は追入れ鑿よりも、穂先や首がやや長く頑丈につくられている

コラム

首切り鑿という物騒な名称 柄もなく鑿界の変わり種

立てた柱に床板を差し込む加工の際に用いる。鋸で柱に二本の切り込みを入れ、この鑿を玄能で叩き、材をかき取って床板を入れる隙間をつくる。

柱を切断するように切り込むことからこの名前がついた。床張り鑿という別名称もある。柄のないシンプルな構造だ。いろんな刃幅が用意され、大工さんたちに重用される。

水平に叩き込むため、じゃまになる柄はついていない

鎬鑿

しのぎのみ

鋭角の隅まできちんと仕上げられる細かい加工用に何かと便利な一丁

穂先の断面が三角形をしている。甲が高くて厚みのある追入れ鑿では刃が入らない、鋭角部分の隅にまで届いて削れる。まさに蟻継ぎ加工には打ってつけだ。さらに細かくてデリケートな細工にも適しているので、鎬鑿を一丁加えることで造作の可能性が広がる。刃幅は一分から一寸あたりまで。叩き鑿タイプと突き鑿タイプが市販されている。

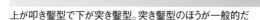

上が叩き鑿型で下が突き鑿型。突き鑿型のほうが一般的だ

鏝鑿

こてのみ

首が曲がった独特のプロポーション溝底の仕上げ削りに威力を発揮する

左官用の鏝に似ていることから、この名称がつけられた。蟻溝の底など、底仕上げに活躍する突き鑿だ。首を曲げているのは、柄を握った手がじゃまにならないようにするため。溝のドン詰まり部分を突いて削ることもでき、ホゾ穴掘りの幅を広げてくれる。断面は三角形のものが多い。刃幅を変えたラインアップがそろっている。

溝底さらいに限定せず、細かな仕上げにも重宝する鏝鑿

突き鑿

つきのみ

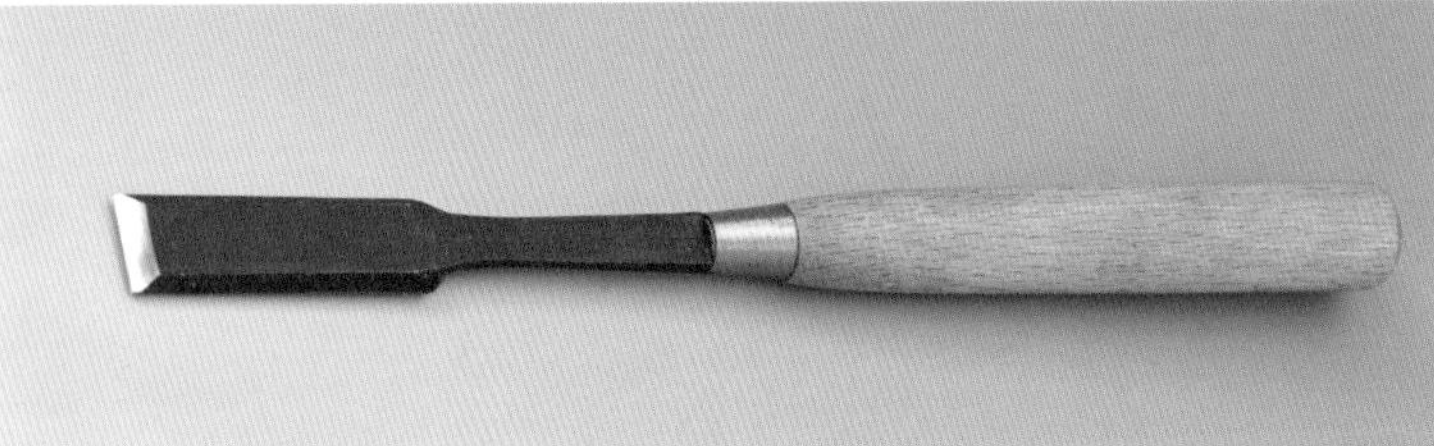

薄鑿は一般的な突き鑿よりも柄や首が短く、サイズ的に使いやすい

突き鑿を入手し表面仕上げを極める ホゾやホゾ穴の側面削りにも有効だ

鉋が使えない狭い場所を削って仕上げるのが突き鑿の役割。ホゾ穴やホゾの仕上げ削りもお手の物だ。手に入れればプロ並みの加工も可能になる。しかし、柄や首の長いタイプはＤＩＹにはスペックオーバーだと考える人もいるだろう。そんな人には同じタイプの薄鑿を推薦しよう。扁平な穂先は薄く、かなり狭い場所の仕上げにも対応してくれる。

外丸鑿

そとまるのみ

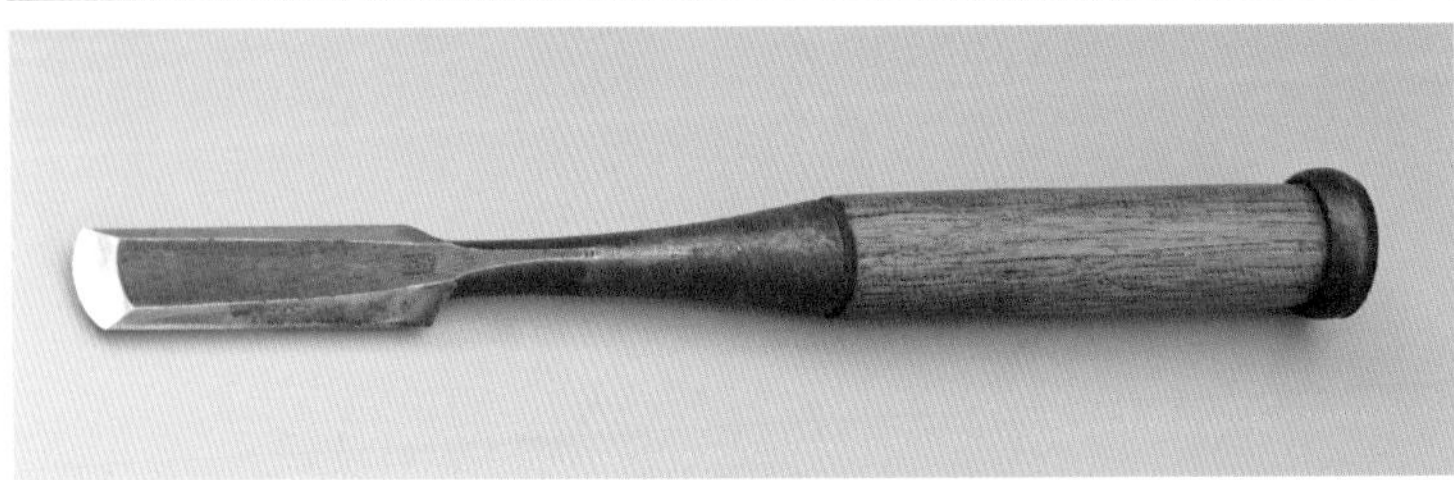

穂の裏刃側が曲面に仕上げられている叩き鑿タイプの外丸鑿

用途を限定したプロユースの叩き鑿 裏刃全面が曲面状につくられている

円弧状の突き出した切刃を持ち、丸柱や丸太の取りつけ部の加工に用いる。使う目的に合わせ、刃幅や曲率が異なる多くのサイズが用意される。

プロが用いる道具だが、アイディアしだいでＤＩＹでも様々な用途に活用できるだろう。なお、刃が内側に引っ込んだ、内丸鑿というタイプもある。

逆鏝鑿

ぎゃくごてのみ

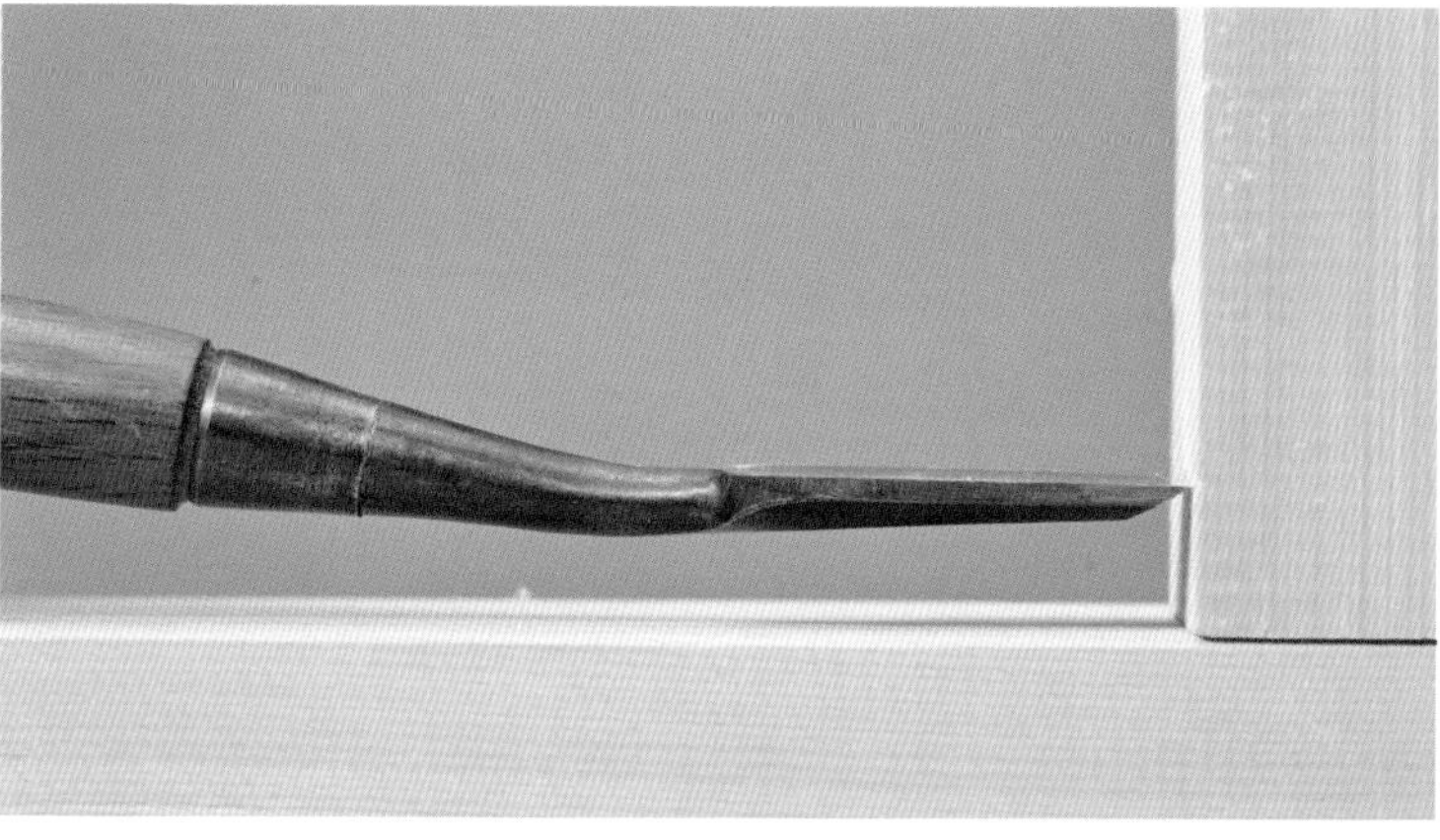

首をわずかに曲げた逆鏝鑿。追入れ鑿を改造してつくった

鏝鑿とは逆方向の首の曲がりをした柱の首切りに用いる特殊な叩き鑿

116ページ下段の首切り鑿と同じく、柱の側面をカットし、床板をはめ込む作業に使う。首は裏スキ側に曲がり、鏝鑿とは逆だ。また鏝鑿が突き鑿なのに対して、こちらは叩き鑿となっている。なお、写真は工匠常陸が追入れ鑿を逆鏝鑿に改造したもの。逆鏝鑿は製作本数が限られ、入手はなかなか難しいという。完全なプロユースの鑿である。

剣先

けんさき

部材の表面を削って仕上げる剣先鑿。裏刃には裏スキがある

小刀に似ているがこれでも立派な鑿 裏スキもあって剣先刃は極めて鋭い

鉋がかけられない場所の平面をきれいに仕上げる。裏スキもあり、小刀とは別ジャンルの製品。削りやすいように握り柄の部分を少しだけ浮かせている。鑿を入れるために部材に切り筋を入れる、白引(しらびき)とも形状が似ている。だが、用途はまったく別。刃幅や長さが違うタイプが市販されるが、通常の鑿の刃先を逆V字状に研いで代用することもある。

特殊鑿CATALOG

数ある鑿のなかでも、DIYではお目にかかれない希少なものを集めてみた。こんな鑿もあるのかと、ついつい感心してしまう。鑿の世界の奥深さが実感できるだろう。◎写真提供／竹中大工道具館

向待鑿（むこうまちのみ）

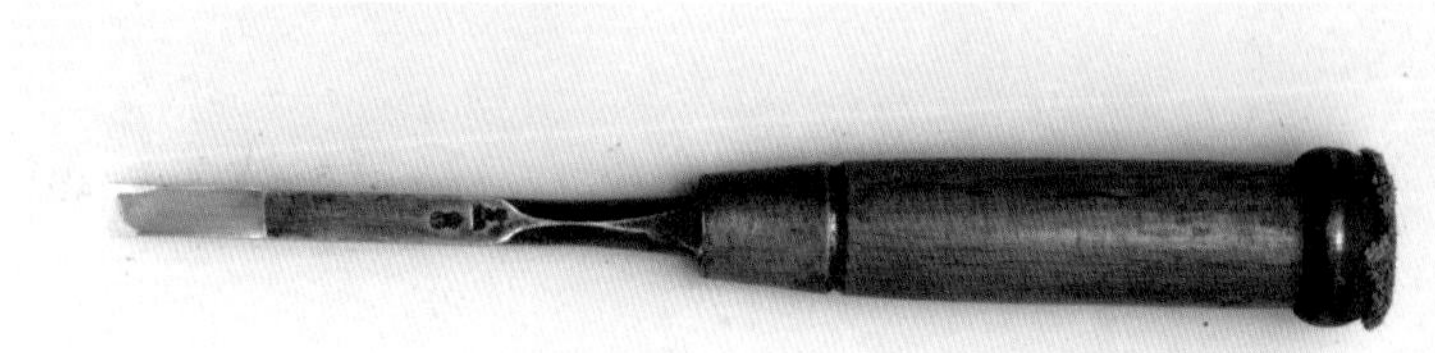

建具にホゾ穴を掘るための小型の叩き鑿。「向う区鑿」とも表記される。穂と首の部分の断面は方形で、穂先と首の幅の差がないのが特徴だ。刃幅は五厘から六分まで。建具製作では主役の働きをすることから、「建具屋鑿」とも呼ばれる。

二本向待鑿（にほんむこうまちのみ）

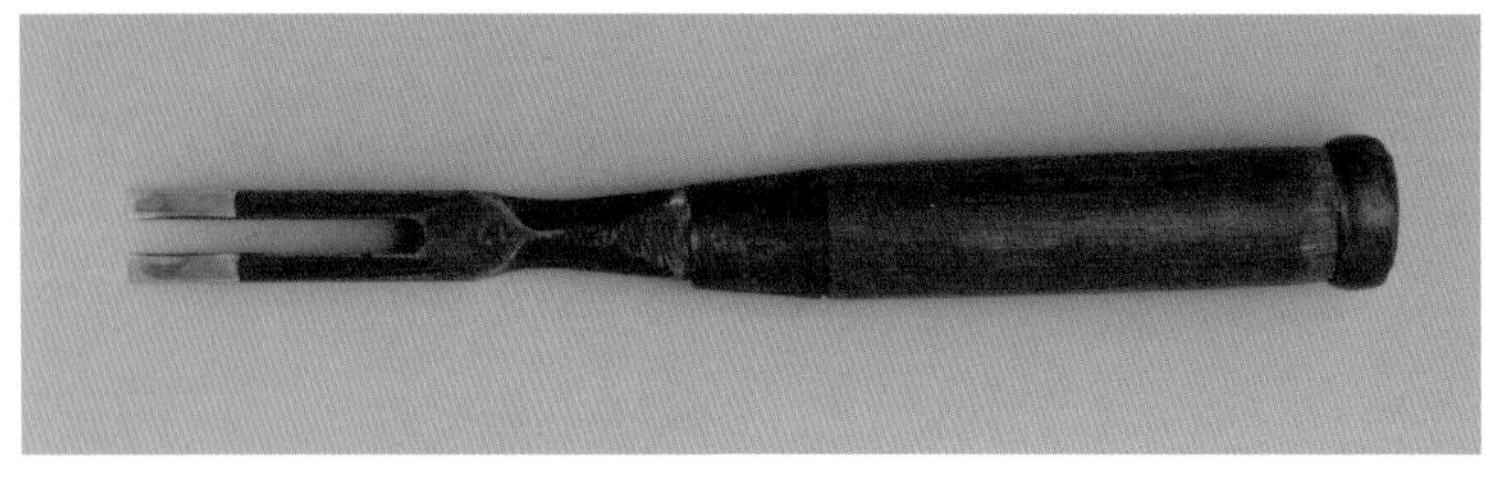

向待鑿の一種で、建具の並列するホゾ穴を同時に掘ることができる。そのために穂先が二股にわかれている。刃幅は二分が一般的で、刃と刃の間隔が一分五厘、二分、二分五厘のものがある。製作が難しく、鑿鍛冶泣かせの製品である。

壺丸鑿（つぼまるのみ）

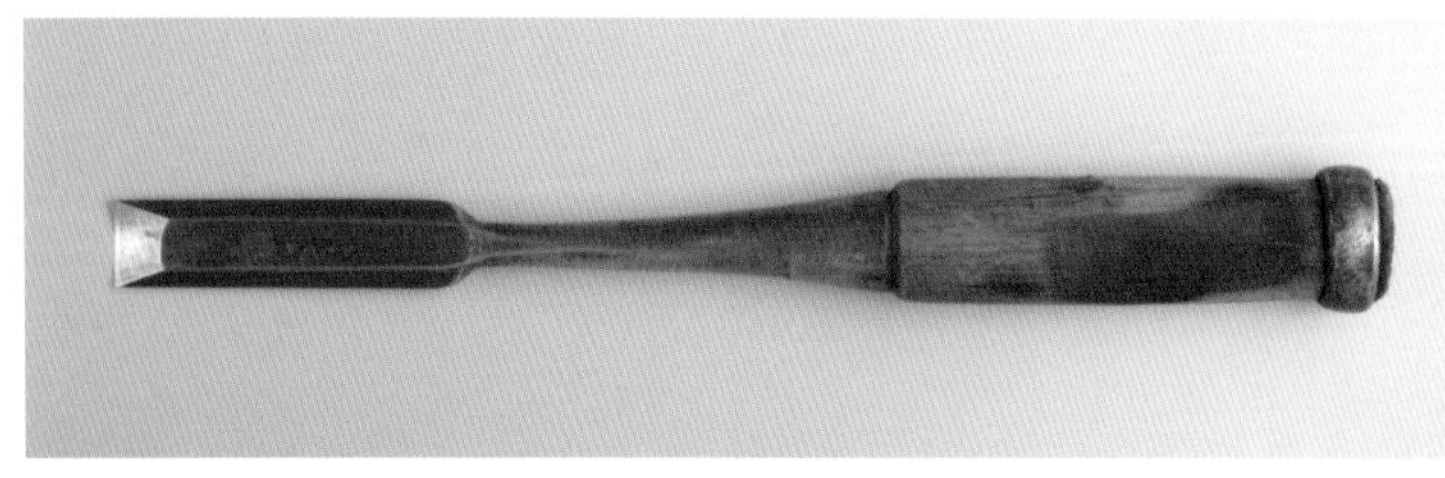

丸鑿の一種で、穂先の断面が半円状に窪んでいて、曲面仕上げに使用する。似た形状の鑿に裏丸鑿があるが、裏丸鑿の刃先が丸い曲線状なのに対し、壺丸鑿の刃先は一直線状につけられている。刃幅は三分から一寸サイズが標準的。

鐔鑿（つばのみ）

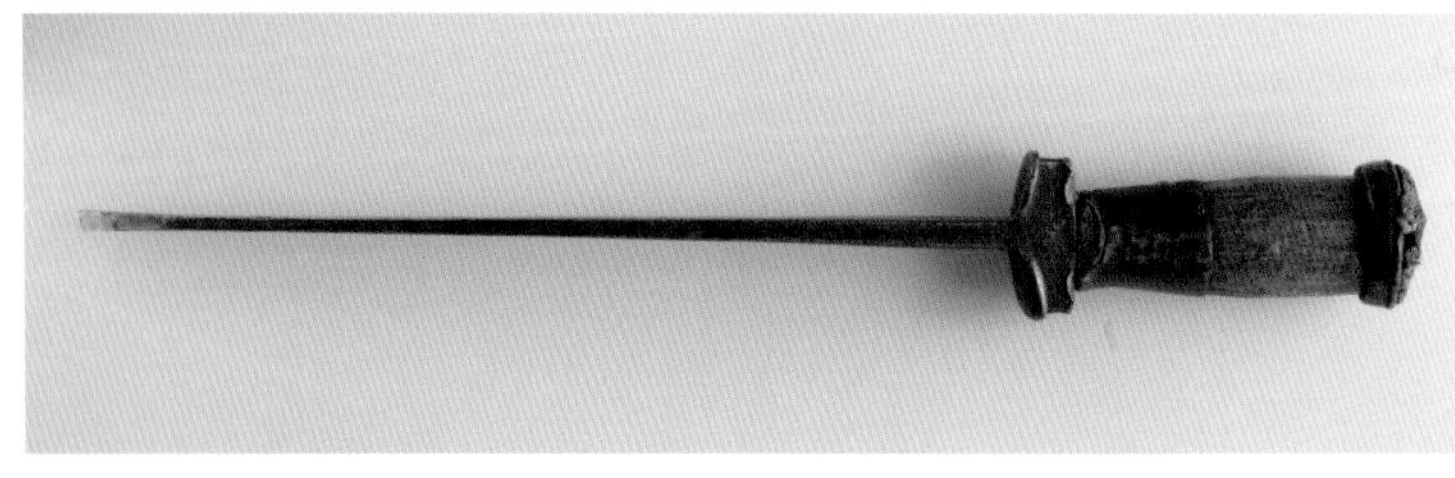

部材に大きな釘類を打ち込む際、この鑿を使って事前に穴を開ける。名称の由来となった柄の下にある鐔状の突起は、叩き入れた鑿を玄翁（玄能）で叩いて抜くためのものだ。両鐔と片鐔の２タイプがある。また、刃先も両刃型と片刃型がある。

打抜鑿（うちぬきのみ）

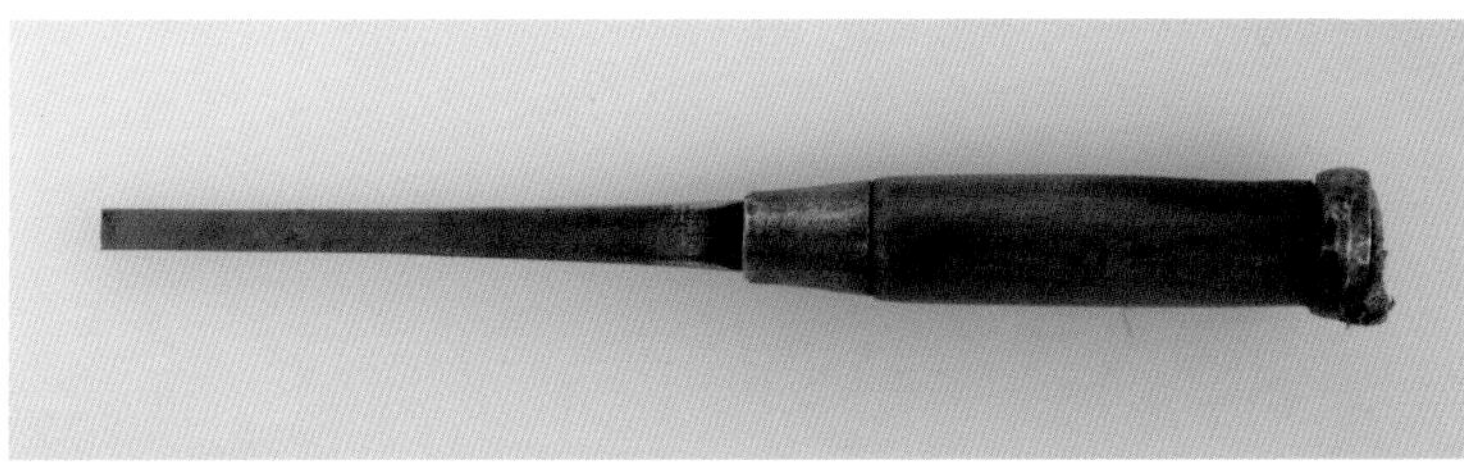

ホゾ穴掘りのスピードアップに貢献する。両側からホゾ穴を半分近くまで掘り、この打抜鑿で片方から打ち抜き貫通させる。先端部には刃がなく、長方形の角型につくられている。先端にV字型の切れ込みを入れたタイプもある。

底さらい鑿（そこさらいのみ）

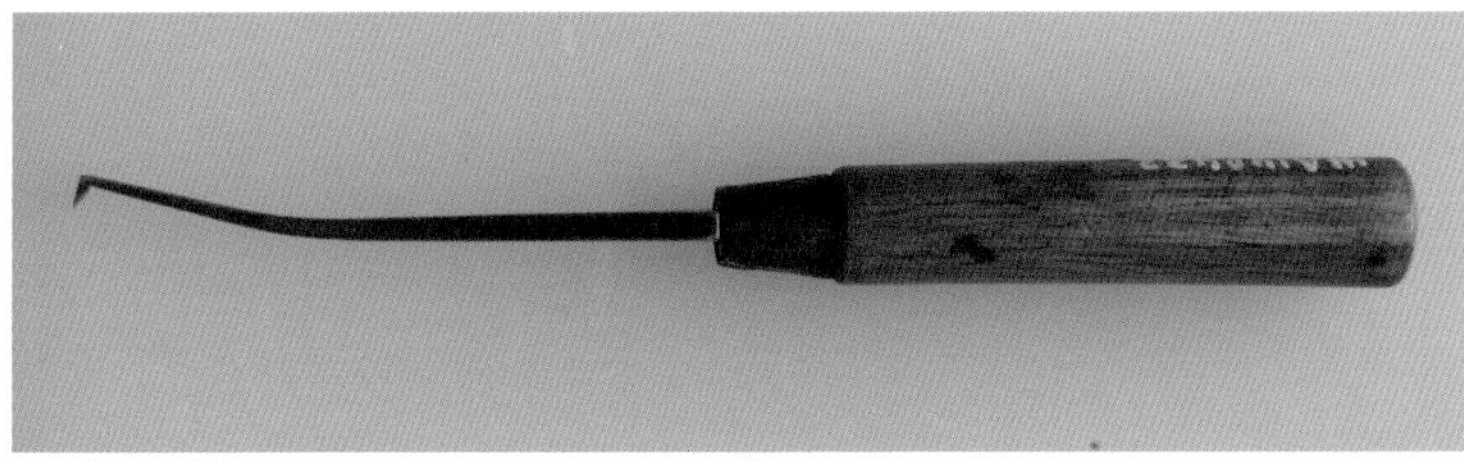

貫通させないホゾ穴の底は、なかなかきれいに削れないものだ。そこでこの鑿をホゾ穴に差し込んで、手前に引きながら、刃先で切り屑をかき取っていく。首が途中で曲がっているのが特徴だ。「かき出し」「屑出し」の別名もある。

銛鑿（もりのみ）

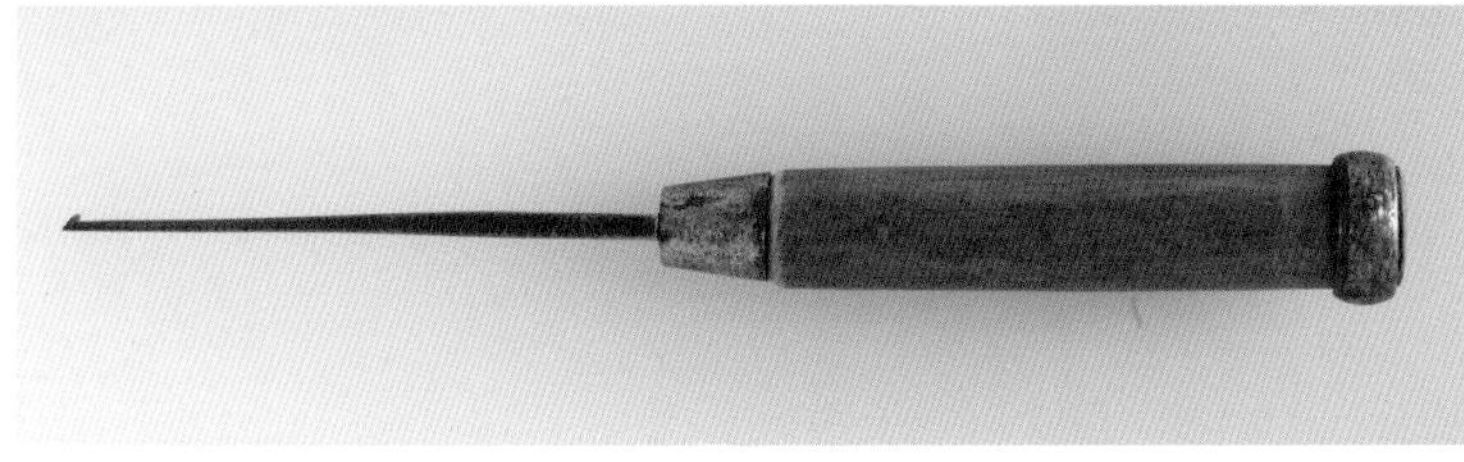

この鑿も、貫通させない掘り止めのホゾ穴の修正に用いる。掘り止めのホゾ穴の底には、どうしても山形の掘り残しができてしまう。その部分に銛状の刃先を打ち込み、引っ張り上げながら崩していく。刃先の形から命名された叩き鑿。

鎌鑿（かまのみ）

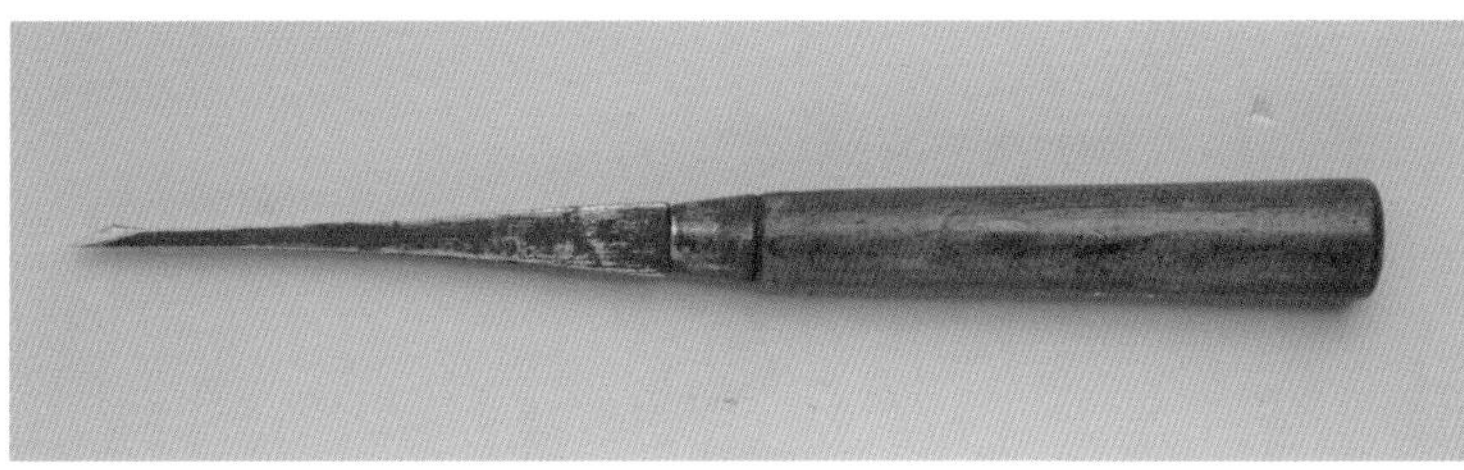

この鑿も掘り止めのホゾ穴の調整用だ。ホゾ穴底面とホゾ穴側面が接する角を正確に整える。タイプは突き鑿型で、押し切りして使う。刃先は両刃の小刀状のものと、銛（もり）状にしたものがある。建具など小さな造作の現場で活躍する。

購入後には鑿も仕立てが必要 柄を傷つけない冠下げを公開

鉋同様に、鑿も使い始める前には仕立てという作業を要する。仕立てでは冠下げをするが、いろんなやり方があってわかりにくい。土田昇さんに、初心者でも手軽にできる方法を教えてもらった。

柄を潰す木殺しは不必要だ 「土田式」冠下げテクニック

鑿の仕立ては、刃の研ぎと冠下げの二点だ。研ぎに関しては１２６ページで語るとして、ここでは冠下げについてふれていく。

冠下げは、冠合わせてとも呼ばれる。通常、冠は柄に途中まで入った仮挿げの状態で販売される。冠は柄の割れを防ぐ役目だから、柄の頭から２～３ミリ下げた状態にするのがベストだ。それが冠下げである。

冠を下げないと玄能が柄の頭に直接あたらず、刃先に伝わる力も減少する。なぜ冠を下げて売らないかというと、製作後に柄の軸が乾燥し、縮むことで冠がグラグラになることがあるからだ。

冠下げに関しては、様々なやり方が書籍やＳＮＳでレクチャーされてきた。ここでは92ページにご登場いただいた、土田昇さんが提唱する方法を紹介しよう。

準備するのは、鑿に付属する冠よりはやや口径が大きい冠（２００～３００円）。そして棒状の金属ヤスリにプライヤー。鑿を打ち込んで作業する角材だ。

まずは冠を外すところから始める。柄をまわしながら、玄能を柄の軸に沿って叩いていけば、簡単に取り外せるだろう。

で、外した冠の内径の違いをチェックする。内径の狭いほうを下にして、柄に押し入れていくからだ。たぶん購入時の仮挿げ状態とは上下関係が逆になるはずである。

冠をプライヤーでしっかり挟み、内径の狭い側の内側をヤスリで面取りしていく。面取りは幅０・５ミリほどが目安だ。少し削っては柄に被せ、入り具合を確認しながら進める。手で押し込んで半分くらい入るようになったら、面取りをやめる。

次は鑿を角材に打ち込み、柄に冠を被せ、用意したサイズの大きい冠をその上に載せて玄能で叩いていく。柄の頭より、２～３ミリほど冠が沈めばＯＫだ。

なお、鑿を角材から抜く際には注意が必要。無理に前後左右に動かして引き抜こうとすると、刃を傷めてしまう。

そんなことから、できれば万力を使って、

冠の両面の内径をチェックし、内径の違いを確認する。内径の広いほうが柄の頭部のほうにくる

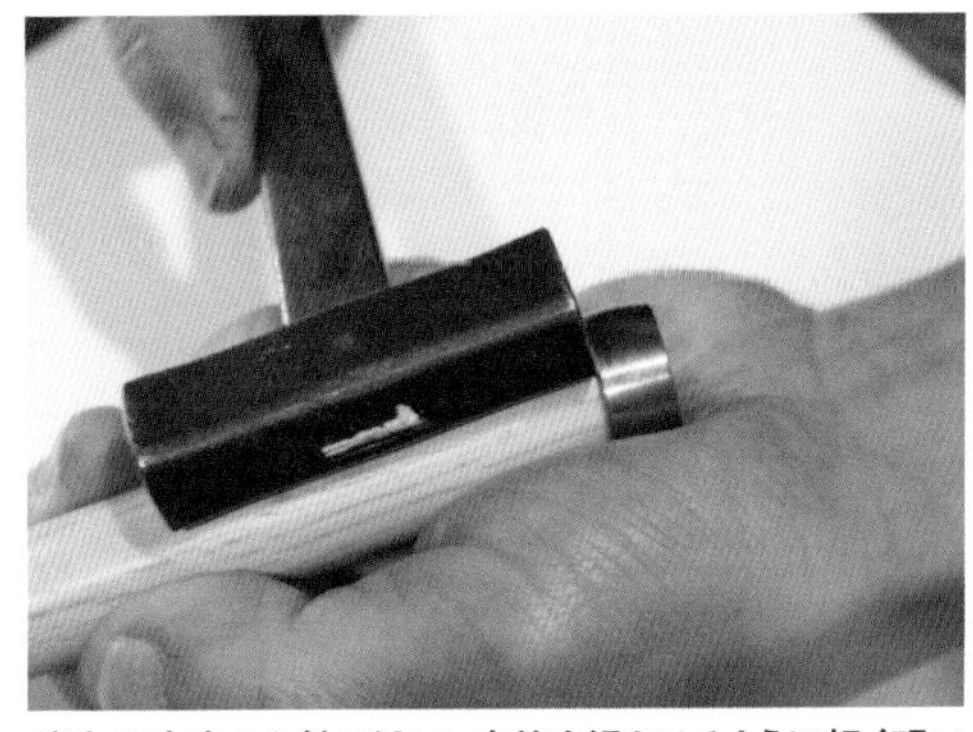

穂先の方向から軸に沿い、玄能を滑らせるように軽く叩いていくと、仮挿げ状態の冠は簡単に外れる

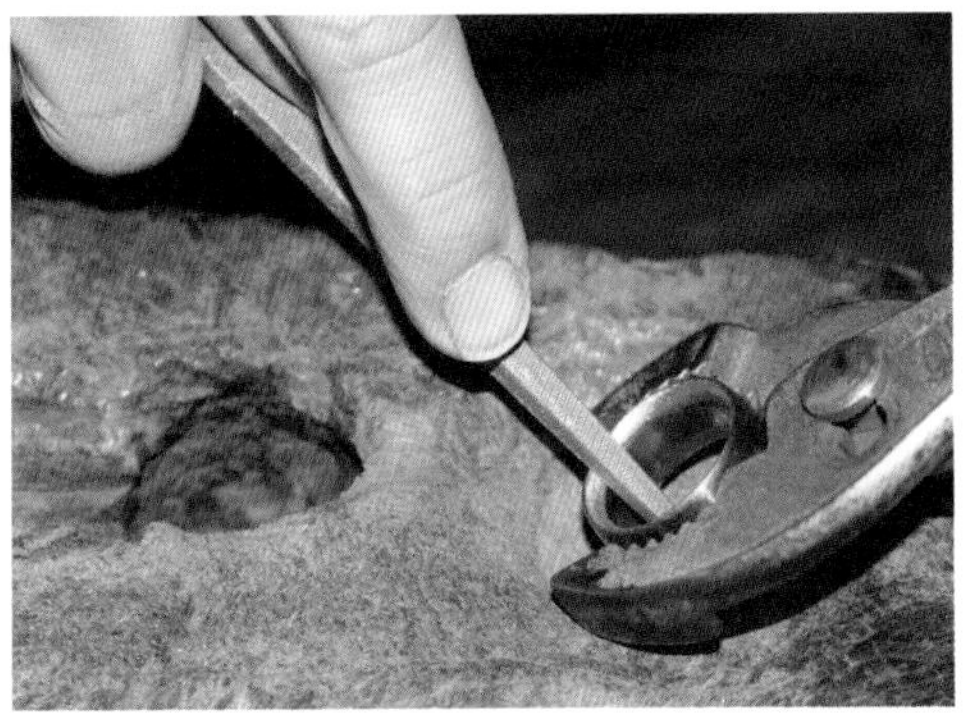

冠をプライヤーでしっかり挟み、冠の内径の狭いほうの内面部分を金属ヤスリで削って面取りする

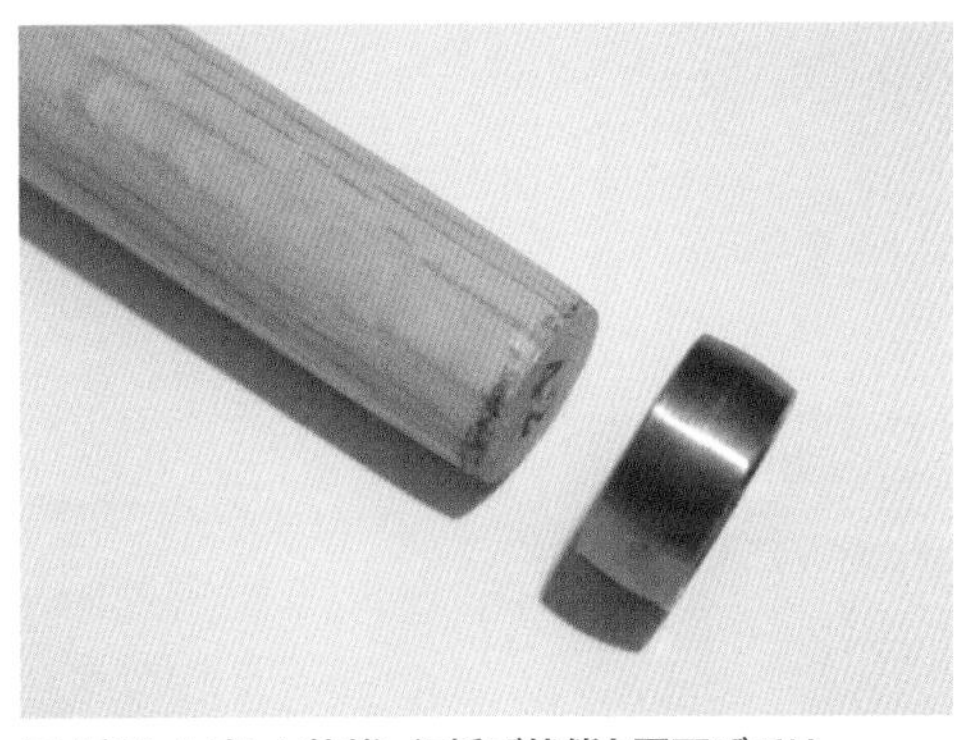

冠を柄から外した状態。仮挿げ状態と冠下げでは、冠の向きの上下が逆になることを知っておこう

冠を柄に被せ、用意したやや大きめの冠を載せて叩く。柄の頭が冠から2〜3ミリ出た状態で完成

冠を下げた後、柄の頭を叩いて潰すことが奨励されるが、まったくその必要はないと土田さんはいう

鑿の固定をしてほしいと土田さんはいう。

さて、冠を挿入しやすくするため、冠の内側の面取りをしないで、柄を玄能で叩き、木殺しして細くする方法が、広くとられている。

これに対して土田さんは、木の繊維がばらけるからしないほうがいいと語った。

また、冠下げをした後、柄の頭を玄能で叩いて潰し、冠に被せるように広げろと指導する人もいる。

だが、頭がクッションになってしまい、打撃力が吸収されると、土田さんはこの方法に否定的だ。冠を下げたら、柄の頭には何も手を加えなくていいと続けた。

冠を柄に押し込むとき、バールの曲がった部分を載せて玄能で叩く方法や、冠を直接、玄能で叩いて押し込むやり方もよく目にする。柄や冠が傷つくので、やめたほうがいいと土田さんはアドバイスする。

柄も冠も傷めない土田式。実にクレバーなやり方だ。ぜひこの方法でトライしよう。

刻み方ガイダンス

一気呵成に掘り込むのはNG 時間をかけてコツコツと刻む

継手仕口の加工ができればDIYも一人前だ。ただ、大工さんの世界には「穴掘り5年」という言葉もある。急がずに一歩一歩究めていけばいい。ここではホゾ穴掘りの基礎の基礎をガイダンス。

鑿は鋭い刃先を持つ刃物だ ケガをしないように注意を

まずは鑿を打つときの留意点から——。鑿は利き腕でないほうの手で柄の上部を握る。指にはある程度力を入れるが、肘はリラックスさせる。

一方、玄能を持つ手の肘は、比較的高い位置に保つのがコツだ。肘が下がると玄能が柄の頭にあたりにくくなり、鑿を握る手を叩いてしまうことも。

玄能は小口が平らな面を使い、振り下ろした玄能が鑿の柄の頭にあたった瞬間、玄能と鑿の柄の中心線が一直線になるように打ち下ろす。これを常に念頭に置こう。

使う鑿はホゾ穴の短辺よりも刃幅の狭いタイプを使う。細い鑿のほうが刺さりもよく、五分（15ミリ）、八分（24ミリ）鑿を使う人が比較的多いようだ。

大工手道具のなかで、最もケガを起こしやすいのが鑿だ。刃の進む先に体の一部がこないようにする。そのためには、掘る姿勢を頻繁にチェンジすることも大事だ。

また、刃が鈍った状態で無理に打ち込むと、刃が暴れて思わぬ事故を招く。鑿の扱いには、常に細心の注意を心がけよう。

いよいよ打ち込みの実践だ。練習用の角材をセットするが、この角材もクランプでしっかり固定する。

部材が動きやすい状況での鑿掘りは、事故の元である。

差し金（曲尺）を使って直角を出し、墨線を角材の表面に描いて墨付けをする

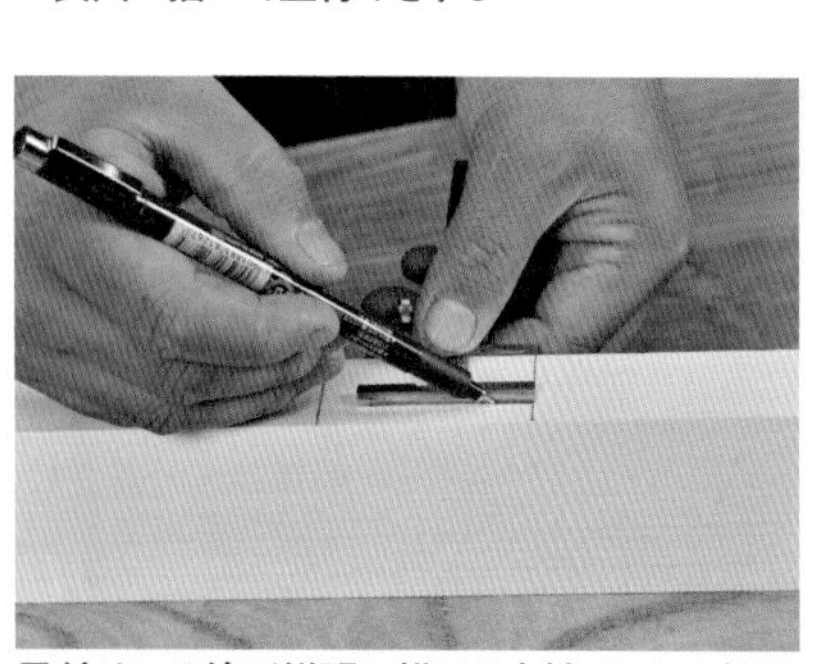

墨付けには線が鮮明に描ける水性インクの極細ペンがいい。油性はにじむのでNGだ

一回の掘り幅は3ミリ程度
急いてはことを仕損じる

ホゾ穴掘りで、最初に行う作業は墨付けだ。刻む場所を墨線で囲んでいく。この作業の正確さがホゾ穴掘りの成否を分けるのだが、今回はあくまで練習。それでも差し金を使ってきっちりした線を引きたい。

次にするのが鑿立てだ。鑿の平らな裏刃を枠の外に向け、墨線の少し内側に一周ぐるりと浅い切れ込みを入れていく。墨線上の木がめくれ上がらないようにするためだ。

いよいよ本掘りを始める。墨線から3ミリほど内側の場所に、裏刃を墨線の外側に向け、鑿を垂直に打ち込む。

ただし、打ち込むといっても、3ミリほどで十分だ。一度に深く刻もうとすると、刃先がぶれてミスを犯しやすい。

で、その刻み目に向け、裏を上にした鑿を枠の中央方向から斜めに打ち込み、部材をすくい取っていく。このときも深く掘ろうとしないことが重要だ。

そして、同じ場所に垂直に打ち込み、斜め打ち込みもする。さらに、逆方向からも同じ切削を行い、それを繰り返して穴を深くしていく。また、長辺方向の墨線の3ミリ内側にもときどき垂直に打ち込み、徐々に掘りを深めていく。

目標の深さに達したら、墨線に沿って垂直に鑿を落とし、ホゾ穴を仕上げる。

ポイントは、垂直打ちで鑿の角度をブラさないようにすること。角度が垂直でないと、きれいなホゾ穴はできない。時間をかけて、コツコツ刻むことも上達の道だ。

電動ドリルで荒掘りし、鑿で隅だけ削って仕上げる方法が一般化してきた。だが、無心になってゼロからホゾ穴を掘っていると、日頃のストレスも忘れてしまう。そんなスローＤＩＹの境地を味わってほしい。

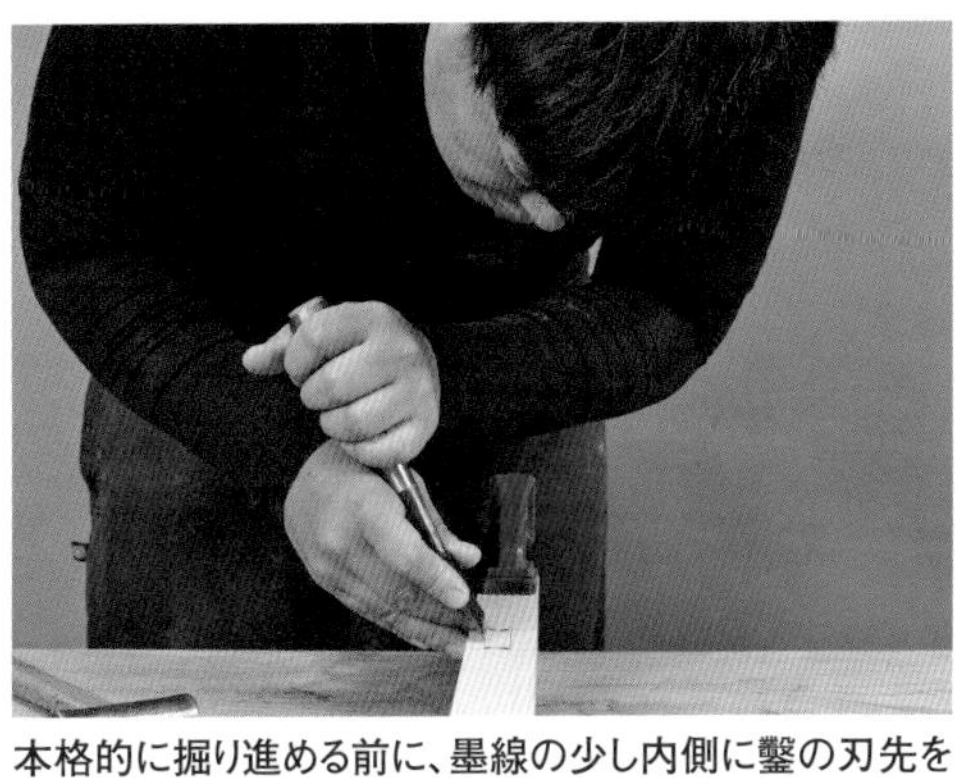

本格的に掘り進める前に、墨線の少し内側に鑿の刃先をあて、鑿を軽く叩いて鑿立ちの切り込みを入れていく

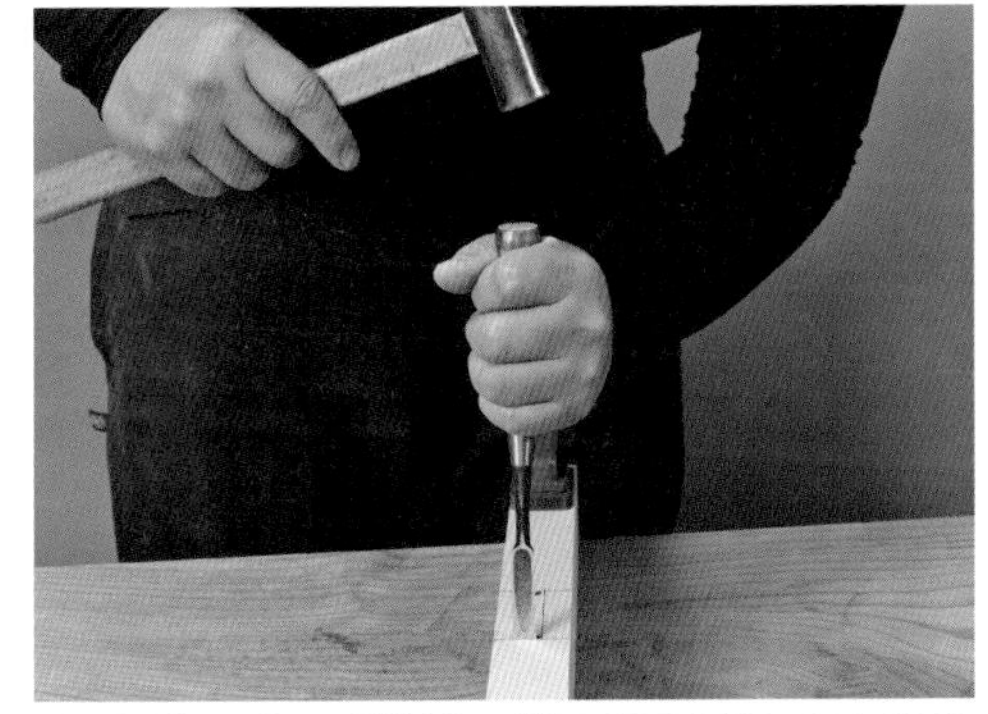

次は墨線の3ミリほど内側に、鑿の裏刃を外に向けて打ち込む。鑿を垂直に保って打つことが重要だ

鑿を斜めにし、内側をすくい取るように刻んでいく。その後はまた鑿を垂直に打ち、この作業を繰り返す

細かな削りが必要な場合には、両手で鑿を押して掘ることもある。手を滑らせないように注意しよう

裏刃の平面性を高める裏押しの作業。縦研ぎで研いでいる

鑿の
砥ぎ方

鑿の生命は裏刃部分の平面性研ぎでベストな状態を維持

鑿にとって玄能はパートナーだが、もう一つの相棒が砥石である。研ぎを怠れば、道具の体をなさなくなる。結局のところ、鑿の切れ味は研ぎで決まる。戦闘力を高めるためにも研ぎを攻略したい。

すでに研磨は終えている？仕立ての研ぎは必要なのか

購入後に使えるようにする作業を仕立てというが、鑿の場合、冠下げだけでなく、刃の研ぎが必要になるケースもある。ただ、仕立てで研ぐか研がないかの判断は難しい。背後にこんな事情があるからだ。かつて手打ち鑿は、研ぎを完全に終えないで出荷する製品だった。顧客である大工さんによって研ぎ方の好みが違い、それを考慮し、途中でやめて販売していたのだ。ところが、ＤＩＹの進展で初心者が急増。研ぎが求められ、事情が変わった。

今でも研ぎを終えていない鑿もなくはないが、ほとんどは研磨された状態で販売されるようになった。つまり、購入後に、直ぐに使い出せるというわけである。

とはいえ、完璧に研ぎ上がった状態なのか、それともそうでないのか。さらに、研がれているとしていても、どこまで追い込んだ研ぎがなされているのか——。混在していて、販売店でも把握し切れない。ましてや初心者に判断は無理だ。つまるところ、仕立てとして、念のために研いだほうがいいということになるだろう。それが無難である。

ちなみに、仕立ての研ぎと通常の研ぎは、作業としては基本的に同じだ。以下の通常研ぎの手順で、進めていただきたい。

裏刃の平面性を出すことが鑿研ぎの最大のテーマだ

鑿の裏刃は浅い窪みの裏スキ部分を除き、一続きの平面になっている。切削において、この面の平面性が極めて重要になる。裏刃を定規役として刻んでいくからだ。歪みがあれば正しく打ち込めないし、刻みそのものに狂いが生じる。裏刃を研いで平面性を高める作業を裏押しというが、鑿の研ぎは裏押しから始める。

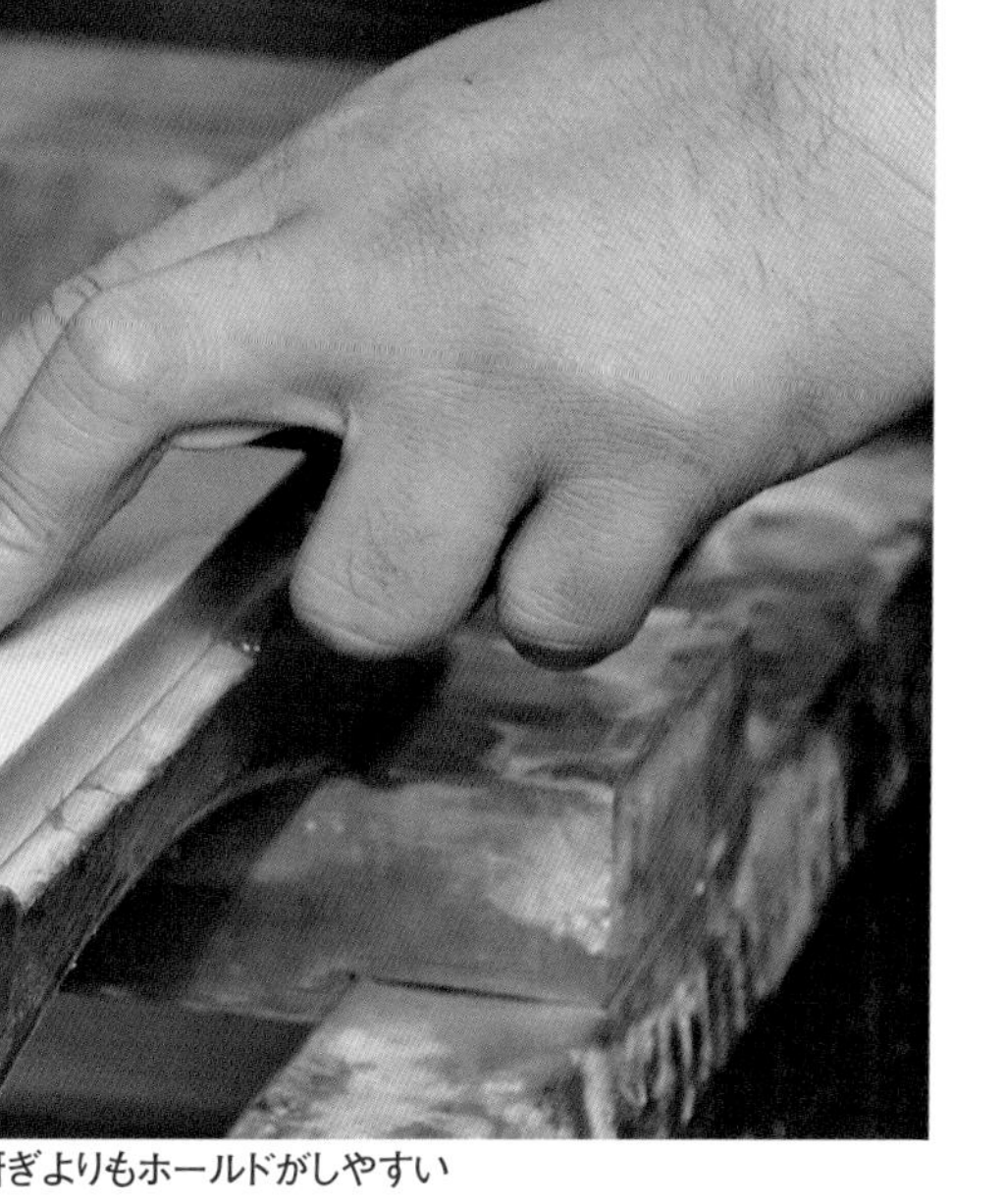

鑿の軸を振って研ぐ斜め研ぎは、縦研ぎよりもホールドがしやすい

まずは中砥石の#1000番前後を用意し、指先で表刃を押さえ、裏刃全体を砥石にあてて前後に研いでいく。

このとき、裏スキを浅くしないために、柄は気持ち持ち上げた状態にするが、この力加減が非常に難しい。上げすぎれば裏刃全体が砥石にあたらなくなる。首に近い部分が砥石に軽くふれる程度にして研ぐのがコツだ。

砥石の長辺に対して鑿を垂直に構えるやり方を横研ぎといい、短辺方向から長辺に沿って動かす方法を縦研ぎと呼んでいる。裏押しでは横研ぎが一般的だが、工匠常陸の中島さんは裏刃に横方向の切削痕が入るのを嫌い、縦研ぎを勧める。

だが、この技術はテクニックを要し、初心者は横研ぎでいいだろうとつけ加えた。

ある程度研いだら、裏刃にライトを映して歪みを確認。歪みがなくなり、きれいな平面になれば中砥石での裏押しは終了だ。

次は鎬面（しのぎめん）のある表刃の中砥石がけ。表刃の研ぎは縦研ぎが基本だ。ただし、鑿の軸を左右に振った斜め研ぎ（写真上）も、保持が安定することから、初心者にはやりやすいようだ。だが、刃先が若干、丸くなりやすい傾向があることも覚えておこう。

研ぐ際には、斜めにカットされた鎬面全体が、常に砥石にあたるように注意する。鎬面の角度＝切削角は30度前後に設定されていて、研ぎによってこれが変わると、切れ味が落ちたり、刃こぼれを起こしやすくなったりしてしまう。

刃先側に指の力を入れて動かすと、鎬面全体が砥石にあたりやすくなる。

刃先から刃返りが出るようになったら、仕上げ砥石の出番だ。

仕上げ砥石は#6000番あたりが通常用いられる。この砥石は研ぐというより磨くといった感じだ。裏刃、表刃ともに研ぎをかけるが、刃返りがとれ、中砥石でできた傷が消えたら仕上げ研ぎも完成である。

さて、研ぎはどのタイミングで行うのか。切れ味が落ちたときにやれば十分で、ちゃんとした職人が製作した手打ち鑿なら、それほど頻繁に研ぐ必要はないだろう。

鋭利な刃物として厳重に管理 手入れが十分なら一生使える

鑿は鋭い切刃を持つ手道具だけに、作業中のみならず保管にも慎重を期したい。作業台の上に放置などはもってのほかである。また、意外に錆びやすいので、その対策にも気を配りたい。

段ボールをカットし、ガムテープを巻いてつくった鑿用のサック。製作費はほぼタダ

サックを被せれば他の鑿と刃先がぶつからないし、誤って落としたときも刃を守れる

鑿の刃先を保護するために段ボールでサックをつくる

鑿のメンテナンスにはそれほど気を遣わなくてもいい。使い終わったら刃や柄の汚れを拭い、防錆対策としてオイルを塗るだけでOKだ。鉋に比べたら手はかからない。オイルに関しては、業界内で論議がある。植物由来と鉱物由来のどちらがいいかという話である。とはいえ、オイルはオイル。それほど神経質にならなくていいのではないか。鉱物由来の安価なミシンオイルで十分だろう。

さて、鑿は純然たる刃物であり、扱いには慎重さが求められる。撮影にご協力いただいた工匠常陸では、使用しないときには、いつも段ボールでつくったサックを被せるようにしている。これなら刃先が何かにあたって欠ける心配もない。また、安全面からいっても評価できる。手軽につくれるので、ぜひ、このやり方を真似してほしい。

ちなみに、作業中に鑿を休めるときには、鎬面を下に向けて台に置くようにしよう。デリケートな刃先を守るための工夫だ。

収納には、一本ずつ収められるポケットがついた、帆布製の鑿巻きをオススメしよう。携帯にも便利で、安いものなら1000円台で入手できるはずである。

鑿は鉄でできている。そのため錆には弱い。長期間使用しない場合には、刃先をラップでくるむなどしたほうがいい。

きちんとメンテをし、正しく保管すれば、鑿は一生の友になってくれるだろう。

オイルの種類にこだわる必要はなく、安価な鉱物系オイルでも十分

第5章 木工を支える道具

木工の世界には多種多様な道具が存在し、それぞれがきちんと役目を果たしている。DIYに必須なものから、DIYの範疇をやや超えるものまで。そのいくつかを紹介していく。大工手道具の面白さを再認識してもらえるだろう。

刃物の切れ味を決定する砥石 三段階の研ぎで精度を上げる

鉋(かんな)や鑿(のみ)などと同じく、こだわりを持って接しなくてはならないのが砥石。なぜなら研ぎ方によって、刃物の切削能力はガラリと変わるからだ。初心者には近づきにくい砥石ワールドへご案内。

工匠常陸の砥石。同社では#1000、#4000、#10000で研ぐ

粒度を数字で番手表示する砥石といえば人造の時代に

ホームセンターにいけば、たくさんの砥石が並び、その数の多さに圧倒されるほどだ。そして、パッケージを手にすると、「#」に続いて数字が並び、混乱に拍車をかける。この数字は番手といい、砥石の粒度を示したものだ。数字が大きくなるほど、砥石の表面がきめ細かくなる。

番手は基本的に各社共通で、同じ数字ならほぼ同等の性能になるはずだが、メーカーによって硬さにわずかな差がある。さらに、刃物への食いつき度合いといった微妙な違いもあって、好みが生じる。感覚的な面もあり、マイベストを選ぶのは簡単なことではない。ビギナーはまずは名の通った企業の砥石を購入し、研ぎにある程度慣れてから判断すればいいだろう。

現在は人造砥石が全盛だ。以前は研ぎの最終段階で使う仕上げ砥石には、天然砥石が採用されてきた。だが、今では仕上げ研ぎも人造砥石の時代になっている。

背後には人造技術の進歩があった。一般的な天然砥石の番手は6000番から1万番程度とされるが、人造砥石のなかには何万番などという高スペックな製品もある。

また、価格面でも天然は手が出しにくい商品になっている。人造の仕上げ用砥石は高い物で1万円ほどだが、天然は安くても

その数倍。高額なものは30万円だの１５０万円だのの値札がつけられる。

研磨しすぎないなど、天然砥石にも美点はあるが、もはや高級ブランドの域だ。たとえ憧れを覚えたとしても、ＤＩＹレベルには縁遠い商品になってしまった。

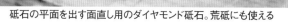

砥石の平面を出す面直し用のダイヤモンド砥石。荒砥にも使える

中砥と仕上げ砥に面直し用入門者にオススメする砥石

研ぎのプロセスは三つのステップで成り立っている。荒砥、中砥、仕上げ砥だ。荒砥は高い研削力を持つ粒度が粗い砥石を使い、刃が欠けた場合などの大きな修正が必要なケースで用いる。また、刃物の切削角を直したいときにも荒砥を行う。

次のステップが中砥で、鉋や鑿の切れ味が落ちたときには、ここからスタートする。研削の大部分を担う重要な工程だ。研ぎ全体の骨格はここで決まってくる。

人造砥石の進化により、荒砥でやってきた刃先の修正も、中砥に用いる砥石でこなせるようになってきた。

また、裏刃の平面性を出す裏押しには、金盤という鉄製の板状砥石を使ってきたが、今では性能が向上した中砥用でやるようになった。荒砥をする機会は減少している。

研ぎの最後の段階が仕上げ砥である。番手の数字が多い砥石で、中砥で生じたわずかな研磨痕をとり、刃を滑らかに仕上げる。さらに刃先をより鋭く研ぎ込み、切れ味を高めるのも仕上げ砥の役割だ。


なお、仕上げ砥の上位の研ぎとして、超仕上げ砥というステップもある。＃１００００番台以上の粒度が細かい砥石を使い、より精度の高い研ぎを追求するのだが、ＤＩＹではやらなくてもいいだろう。

各段階の研ぎには、どんなレベルの砥石が使われるのか。諸説あるが、荒砥は＃１００番～＃３００番程度、中砥は＃８００番～＃１２００番程度とし、仕上げ砥には＃５０００番程度以上を用いるのが一般的である。

さて荒砥用、中砥用、仕上げ砥用だけでなく、性格が異なる砥石が存在する。砥石は表面が平らなことが重要で、その平面出し＝面直しをするのがダイヤモンド砥石だ。粒度は＃１５０番程度に設定されているので、荒砥に使うことも可能である。

入門者は、中砥用に＃１０００番、仕上げ砥用としては＃６０００番。そして面直し用の＃１５０番～＃１８０番のダイヤモンド砥石の購入をオススメする。この三丁があれば、ＤＩＹなら十分といえる。

日本の人造砥石は世界一の性能を持つ。手打ち鉋、鑿が秘めているポテンシャルを、存分に引き出してくれるだろう。

電動の切削を凌駕する手道具 研ぎによって実力を引き出す

鉋で削った木肌は、電動工具のそれよりもはるかに美しい。鑿も電動に負けない精緻な加工が可能だ。手打ち道具が持つそんな力を全開させるためには、研ぎ技術に磨きをかけないとならない。

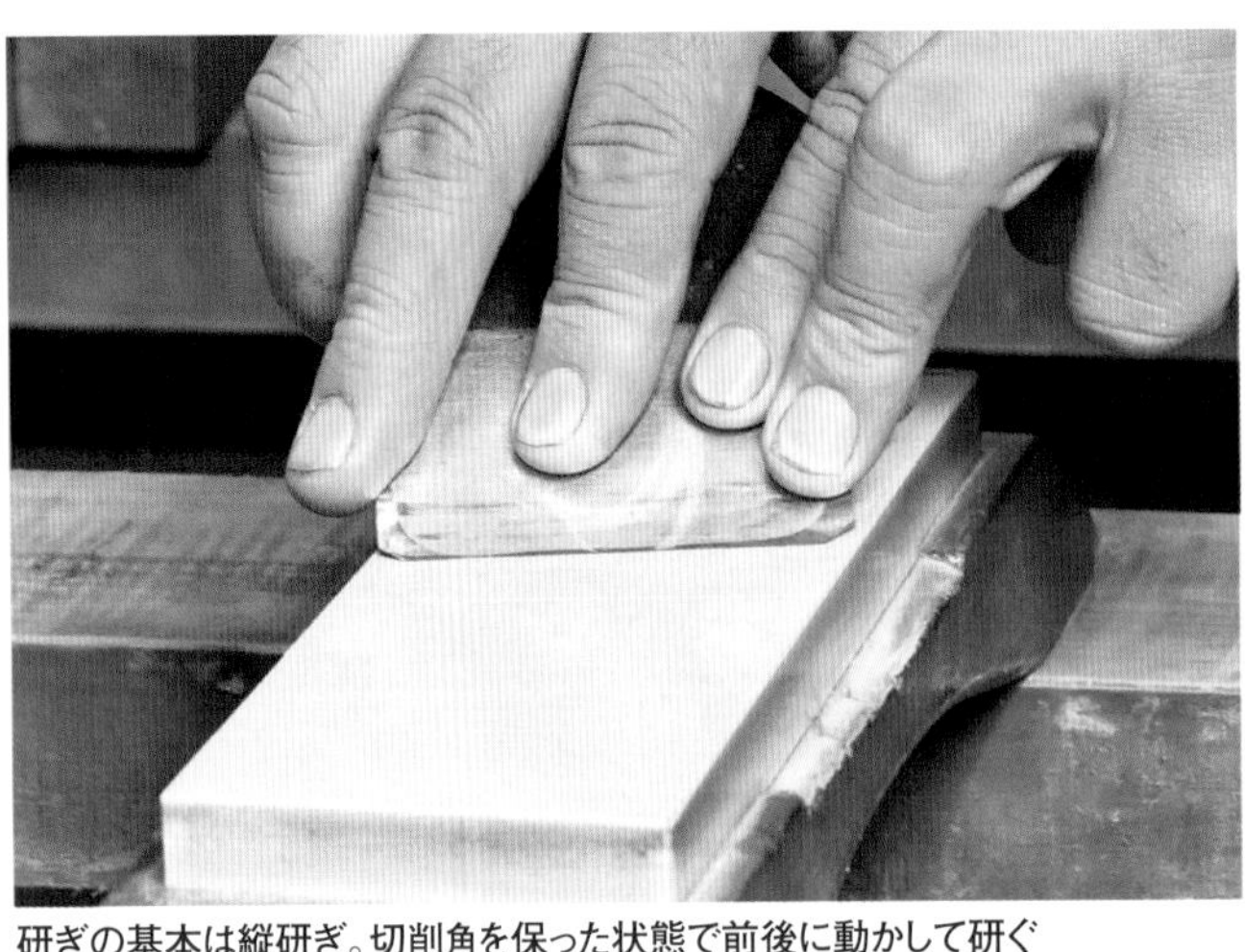

研ぎの基本は縦研ぎ。切削角を保った状態で前後に動かして研ぐ

頻繁に面直しを繰り返して研磨面の平面性に気を配る

鑿の研ぎ方については126ページでふれたので、ここでは鉋の研ぎを中心にチェックポイントをまとめていこう。

研ぎに関しては様々な主張がなされる。ここで紹介する方法も、あくまで一つの研ぎ方にすぎないことをお断りしておく。なお、砥石は砥石台に設置して作業するが、台自体はそれほど高額ではない。台の下に濡らしたタオルを敷くと安定するので、やってみてはどうだろうか。

さて、砥石は使う前に水に浸けておかなくてはならない。ただし、砥石の種類やメーカーによって吸水時間が異なり、浸しすぎると強度が損なわれる。砥石についてくるトリセツを読んでそれに従おう。

研ぎで最初に行うのが砥石の面直しだ。砥石の研磨面は刃で削られ、デコボコが生じる。特に中央部の減りが激しい。その状態で研ぐと、刃先に偏りができてしまう。そうなればきちんとした削りは無理だ。

砥石の研磨面を常に平らに保つのが面直しで、ダイヤモンド砥石で砥石をこするやり方が一般的である。

ただ、平滑面になったかどうかの判断は初心者には難しい。平らにしたい砥石の表面に軟らかい鉛筆で格子模様を書き、鉛筆線が消えるまでダイヤモンド砥石をかけるやり方をオススメしよう。

慣れてくるとダイヤモンド砥石をかけたときの感覚で、平面になったかどうかの判断ができるようになる。

面直しの頻度も問題だ。刃物を砥石に押しつける力の入れ具合にもよるが、シビアな削りを求める人は、10回程度往復させたら面直しを検討する。鉛筆で格子模様を書き入れる方法で、自分なりの頻度を探ろう。面直しを億劫がらないことが大切だ。

面直しでは、砥石の研磨面の角をダイヤモンド砥石で丸めることもお忘れなく。作業中に手を傷つけないための工夫である。

砥石面に歪みがあれば、刃は正しく研げない。頻繁にダイヤモンド砥石をかけて、面直しをしていく

糸ウラ部が平面になるまできっちりと裏押しをする

鉋の研ぎも鑿と同様、刃裏の刃先と糸ウラを平面にする裏押しから始まる。

鉋の刃が完全に研がれていない状態で出荷されていた時代には、裏押しも大変だった。かなり研磨しなくてはならず、金盤と研磨力の強い金剛砂のコンビが用いられた。だが、九分仕立て、直ぐ使いといった、ほぼ研ぎが終わっている鉋が一般化、裏押しも手軽になった。これは鑿も同じである。

裏押しは、中砥用の#1000番周辺の砥石で研いでいく。

油性インクのサインペンで、糸ウラ部分を塗りつぶしておくと、研げた部分とそうでない部分が判別しやすい。

前述したように縦研ぎがベストだ。しかし、これがなかなか難しい。初心者は砥石の長辺に対して鉋刃を直角に構える、横研ぎのほうがやりやすいだろう。

研ぎの作業全体に通じるコツだが、一回のストロークを大きくすると、押さえている力加減が変化しやすいので、ビギナーはそれほど長くしないようにしよう。

ときどき水を加えながら、砥石の一部だけでなく、全体を使うように研ぐ。

研ぎ方としては、刃裏全体を砥石面に押しつけるのではなく、頭側を少しだけ浮かせるようにする。全体をくっつけて研ぐと、裏スキが浅くなってしまうからだ。刃先のほうに力を入れると、自然に刃先中心の研ぎポジションが取りやすい。

刃先と糸ウラ部分が一連の平面になれば、裏押しのゴールは近い。

ただし、一部だけが曇ったままで、研ぎ残しがなかなか解消できないケースもあるだろう。油性インクを塗っていたら、そこだけインクがついたままの状態になる。

程度にもよるが、かなり深く研がないとならないのなら、裏出しをせざるを得ない。

裏出しは鎬面を玄能で軽く叩き、その部分を刃裏側に押し出す。デリケート作業なので慎重に行いたい。

なお、鑿でも裏出しを勧める人もいるが、鑿と鉋は構造が異なる。ベテラン以外はやらないほうがいいようだ。

仕上げ砥石で表と裏を磨き上げ、刃裏にライトなどを写し込み、歪みのない平面が完成したら、裏押し作業を終了する。

各砥石の性格を熟知して扱えば、必ず大きな成果をもたらしてくれる

研ぐことで道具に光が宿る 刃返りは小まめに取ること

通常の研ぎでは、裏スキがなくなるのを嫌い、表だけを研ぐ人もいる。だが、使えば変形するのが手道具だ。その変形を研いで直さないと切れ味はもどってこない。

切れ味鋭い鉋にするためには、まず裏押しを実行し、次に刃表に移るようにしよう。

さて研ぐ前に、まずは刃先をチェックする。大きな欠けがあれば、荒砥としてダイヤモンド砥石で修正しなくてはならない。

欠けがなく、裏押しが終わったら、＃1000番あたりの中砥石で刃表を研ぎ始める。砥石に鎬面を密着させ、この角度を変えないように研ぐのが大事だ。

刃表の研ぎ方は横研ぎではなく、プロが推奨する縦研ぎにしたい。砥石に鉋身が入りきらない場合には、斜め研ぎでもＯＫだ。とはいえ、縦研ぎは初心者には難しい研ぎ方といえる。刃先が前後にローリングして、鎬面が丸刃になりやすい。手首を固定し、肘の動きだけで前後に研ぐのが、ローリングを防ぐテクニックである。

なお、斜め研ぎは保持が安定して研ぎやすい方法だが、刃先が斜めになりやすいという欠点もある。刃の左右に交互に力を入れて研げば、その問題点もクリアできる。

刃表を中砥石で砥いでいると、黒い研ぎ汁とともに、刃先が刃裏側にわずかにせり出す刃返りが生じる。

刃返りは裏押しでもできるが、研げている証しで、そもそも研ぎとは、刃返りをつくっては研ぐ、の繰り返しの作業である。

刃返りは、裏面を研ぐことで簡単に落とせるが、あまり成長させずに取ったほうがいいようだ。大きくなってから落とすと、せっかく磨いた刃先をギザギザにして荒らしてしまう。小まめに裏返して取っていくことをオススメしたい。

鋼の刃先がツヤのある平面になったら、＃6000番くらいの砥石で仕上げ砥に進む。仕上げ砥石は軟らかいので、あまり力を込めて研がない。また、中砥石ではときどき水を加えて研ぐが、仕上げ砥は出た研ぎ汁だけで研磨するようにする。

仕上げ研ぎでは刃裏と刃表を交互に研ぐ。そして指で刃先にさわり、刃返りの引っかかりがなくなったら、仕上げ研ぎも終了になる。中研ぎに比べて、仕上げ研ぎはそれほど時間がかかる作業ではない。

最後に研ぎのツボをまとめた。刃を押さえる力を常に一定に保ち、刃の角度が変わらないよう心がける。シャカシャカと研がず、ある程度のストロークで、丁寧に時間をかけて研ぐ――。

砥石に向かってひたすら研ぐ
心が穏やかになるから不思議だ

鎌倉時代初期に採掘が始まる 京都産出のブランド天然砥石

京都で採掘される天然砥石は最高級品として国内外に知られ、昨今では海外からも買い付けにくるほどだ。高い物は数百万円もするという京都産の砥石。その歴史は８００年以上前に遡る。

マニア垂涎の仕上げ用砥石 砥石世界の頂点に君臨した

人造砥石の進歩により、荒砥石と中砥石の二分野の主軸は、早くに天然砥石から人造砥石へと移り変わった。

しかし、仕上げ砥石に関しては、天然砥石のスペック的な優位性は揺るがず、ことに京都産の仕上げ砥石は最高峰として、ヒエラルキーの頂点に君臨し続けた。

なかでも「中山」や「奥殿」といった商品は、高級ブランドの扱いを受け、高額なプライスで取引された。

風向きが変わったのは20年ほど前だろうか。人造の仕上げ砥石の性能が劇的に向上。天然砥石が占めてきた座を徐々に蚕食していった。今では仕上げ砥石においても、人造砥石が主役に収まっている。

プロの大工さんでも、天然砥石にさわったことがない人が増えてきた。性能とともに、値段の差も交代劇の要因だった。「女房貸しても砥石貸すな」といわれたほど、天然産は高かったのだ。安価な人造を前にして、なす術もない。

とはいえ、仕上げ研ぎに京都産の天然砥石を使い続ける人はいる。天然物にしか出せない、切れ味の冴えがあるというのだ。

この評価は、外国にも定着している観がある。京都で天然の仕上げ砥石を買って帰る外国人の多さがその証しだ。

また、日本人ほど研ぎにこだわる国民は他にはなく、外国人が購入する理由には、日本文化の粋にふれたいといった側面もあるのかもしれない。

さて、人気を独占した京都の天然砥石は、どんな成り立ちで生まれたのか。

原材料は堆積岩という岩石だ。硬度な殻を持つ、海洋プランクトンの放散虫や、ごくごく微粒の砂などが、時間をかけて深海の海底に降り積もってできた岩石である。

その硬さが刃物を研ぐのにぴったりだと、大工さんたちから珍重されてきた。

この岩が生まれたのは太平洋の赤道付近で、２億５０００万年前のことだという。

それが海洋プレートに載ってはるばる運ば

竹中大工道具館に展示される高額な砥石。一体数十万円のものも　◎撮影協力／竹中大工道具館

れ、京都市街の北西にある、愛宕山を中心にした東西約30キロに自然砥石の鉱脈をつくった。壮大な地学的大イベントの賜物というしかない。

この岩が砥石に活用されたのは、岩石に残存する放散虫の角張った殻が、刃物を研ぐのに極めて都合がよかった点もある。

堆積岩の岩層は日本各地にあるが、仕上げ砥石として最適な硬さとともに、大都会で採掘できる地の利が優位に働いた。

後鳥羽上皇が京砥石を賞賛 大工道具で最も高額な商品

京都で採掘された砥石が一躍名を馳せたのは、今から800年ほど前、鎌倉時代の初期のことだった。

京都梅ケ畑（現・京都市右京区）一帯を治めていた本間藤左衛門時成が、自分の領地で採掘した砥石を後鳥羽上皇に献上した。自ら刀剣を鍛えたという逸話を持つ上皇はたいそう気に入り、「上々の砥石なり」と本間時成に賞賛の言葉を与えた。

上皇からの下知があったからだろう。建久元（１１９０）年、鎌倉幕府を開いたばかりの源頼朝が、時成を京における砥石採掘の総元締めに任命し、生産を奨励した。

以降、本間家代々が採掘の統括を務め、全国各地に京都砥石の名声を広めていった。

ちなみに、京都産の仕上げ砥石を「本山合砥」と呼んでいる。本山は「本間一族の山」の略だという。また合砥は、刃物と砥石を合わせて使うことが由来だそうで、仕上げ砥石を意味している。つまり本山合砥とは、「本間一族の山で採掘された仕上げ砥石」ということのようだ。

だが、昭和の中頃に商標登録をめぐってトラブルが起き、本間一族が領した梅ケ畑産に限定した名称だったものが、京都市の近郊を含めた業者が採掘した、仕上げ砥石全般を指す総称に改められた。

本山合砥は今でも最高級の評価を得ているが、砥石面に浮かび上がる、雲や鳥などの文様が鑑賞の対象にもなっている。風雅な一面もあることを強調しておきたい。

現在では、一体数十万円する本山合砥もめずらしくない。さらに希少な超優良品には数百万円の値段もつく。大工道具で最も高価なのは天然砥石とされるのも納得だろう。価格高騰の背後には、資源の枯渇があると指摘され、非常に気になるところだ。

入手すれば確実に夢は広がる レベルアップを約束する道具

鉋（かんな）、鋸（のこぎり）、玄能（げんのう）、鑿（のみ）だけではＤＩＹは成立しない。サポートしてくれる道具があるからこそ、つくりたいものを形にできるのだ。作業に必須のもの、ワンランク上にいけるもの。いくつかを選んだ。

どんなＤＩＹを目指すのか 使う手道具も大きく変わる

一口にＤＩＹといっても、人によって千差万別だ。椅子やテーブル、棚をつくりたいという人もいれば、自宅をリフォームしたい、ログハウスを建てたいといった、大がかりなものを考えている人もいる。

最近では、何かをつくるのではなく、鉋の薄削りに情熱を傾ける人も増えてきた。

彼らは薄削りを競い合う、全国各地で開催される「削ろう会」への出場を目指す。広い意味では、これもＤＩＹといえそうだ。比較的高額な手打ち鉋を使用することから、業界の発展にも貢献している。

余談だが、手打ちの鑿や鋸でも何かイベントはできないものか――。そんな声も業界の一部にはあるそうだ。

さて、多様なＤＩＹが存在するわけだが、使う鉋や鑿、鋸の種類の違いだけでなく、用いるその他の道具も異なってくる。

たとえば、部材に長い墨線を引くための墨壺は、一般的なＤＩＹには無縁な道具だ。たぶん差し金だけで墨線は描けるはず。

しかし、リフォームやログハウス建築を想定する人には必須アイテムとなる。ＤＩＹも途中で路線変更することはあるし、道具の存在を知って、新しい木工の分野に目が開くこともあるだろう。

何か面白い道具はないかと、いつも情報感度に磨きをかけていれば、より充実したＤＩＹライフが待っているはずだ。

とはいえ、ＤＩＹは安上がりな趣味ではない。ゼロから始める人には、まずは差し金、クランプ、ストレートエッジ、鉋刃の裏出し用に使うレール床（廃レールから転用）、そして砥石、金属テープの巻き尺＝コンベックス（5メートル）、棒型の金属ヤスリあたりの購入をオススメする。その後は予算との兼ね合いだ。

以下、クランプを除き、工匠常陸さんが日頃、使っている道具を紹介していく。ちなみに、同社では市販品に満足できない場合、自社で製作する。このなかのいくつかは自作品であることをお断りしておこう。

スコヤ

正確な直角出しには必須 JIS規格の本格定規

墨線を引く際など、直角出しは差し金ですませることが多い。だが、差し金の直角はそれほど精度が高くない。厳密な90度が必要なケースではスコヤを用いる。スコヤはJIS規格にもとづいてつくられた定規で、精度は極めて高い。値段も1000円台からあり、プロ用にしては入手しやすいプライスがうれしい。

様々なサイズが用意され、ホームセンターでも購入できる

下端定規

したばじょうぎ

鉋の下端の平面チェック 精度の高い調整が可能に

鉋の下端の歪みをきちんとチェックしてくれる木製の定規で、下端調整の強い味方だ。刃先にあたらないよう、一部に窪みを設けた製品が多い。かつては自作するのが普通で、写真も工匠常陸の自作品。市販品は1000円台から数万円までと幅広い。木製だけでなく、ステンレスのストレートエッジ（直定規）もある。

金属刃に木製の把手をつけた工匠常陸の自作下端定規

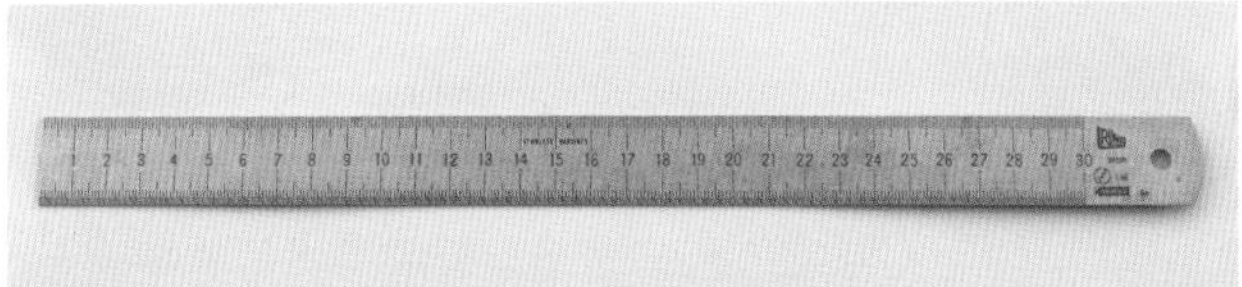

ストレートエッジも様々な価格帯の商品が用意される

自由がね

じゆうがね

任意の角度が選べる定規 直角以外の墨付けに便利

斜角定規とも呼ばれる。長枝と短枝をネジで止める仕組みで、自由に角度が調節できる。直角でない蟻継ぎなどの墨付けに用いられ、あれば継手仕口の製作に威力を発揮してくれる。価格も1000円台からと比較的入手しやすい。ほぼ同じ機能を有するものにプロトラクターがあり、こちらには分度器がついている。

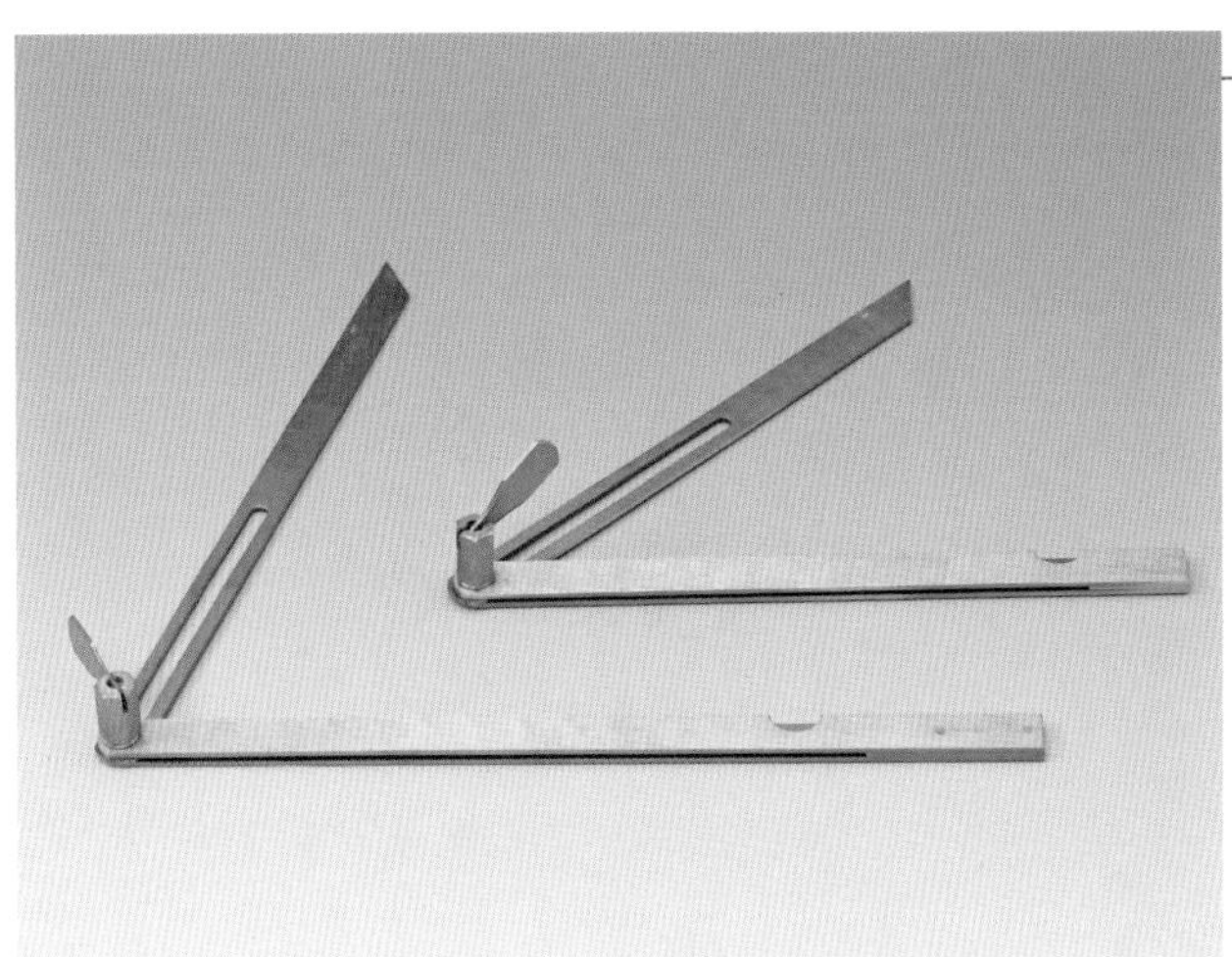

角度が自由に変えられ、直角でない墨線引きにお役立ち

墨壺
すみつぼ

長い墨線を簡単に描ける 大きな造作には必需品だ

墨汁を含ませた糸をピンと張り、少し持ち上げて離すと、長くて正確な墨線が引ける。差し金で事足りるDIYには無用だが、大きな材を扱いたいなら必要になってくる。なお、後部にある壺車は糸を巻き取るためのものだ。プロにとっては自作が当然で、出来栄えを競うアイテムだった。DIY店で安価に購入できる。

工匠常陸の自作墨壺。工芸品と呼びたくなる出来栄えだ

金床
かなとこ

鉋の裏出し用に一台必要 高額品でなくても大丈夫

鉄床とも表記。金属工作では作業台として活躍するが、木工では出番は少ない。ただ、鉋の裏出しには不可欠だ。重量が軽く、値段も比較的安いもので事足りるだろう。写真右はレール床、中央は穴の開いた蜂之巣床と呼ばれるタイプで、左は裏出しの際に鉋刃を傷めないよう、軟らかい鉛で製作した工匠常陸の自作品。

写真右のレール床タイプが比較的安価で購入しやすい

差し金
さしがね

L字の形をした直角定規 DIYでは必須アイテム

長さや直角を測り、墨付けにも用いる。長いほうを長手（ながて）、短いほうを妻手（つまで）（短手（みじかて））と呼ぶ。メートル表示だけでなく、尺や寸表示を併記したタイプもある。さらに丸太の直径を測ると円周がわかるもの、対角線の長さが読み取れるものなど、複雑な機能も盛り込まれている。差し金は実は奥深い。値段も意外に身近だ。

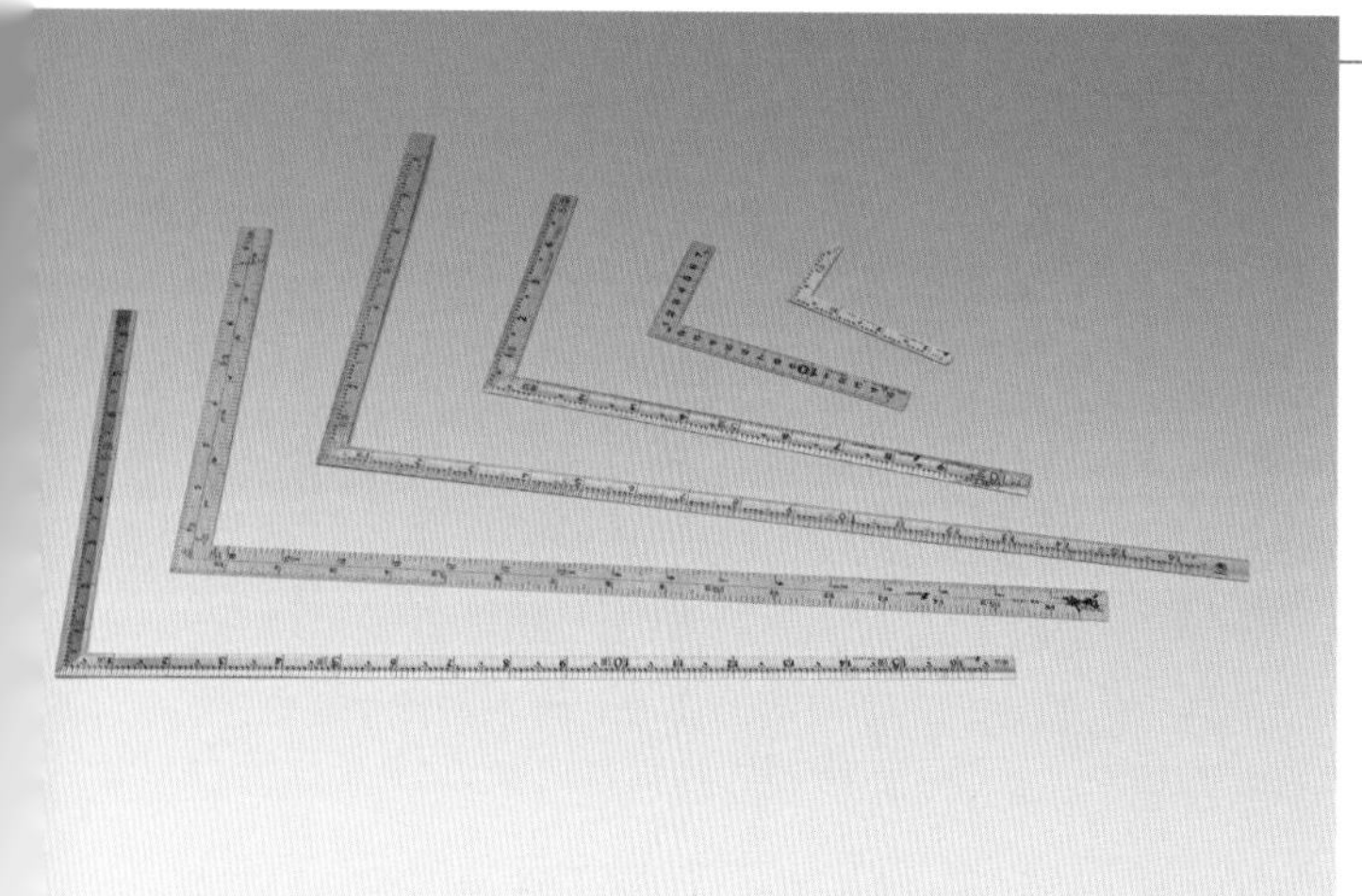

長さや搭載機能に応じて各種のタイプが市販されている

自慢の墨壺で墨線を引く
美しい直線に心が浮き立つ

クランプ

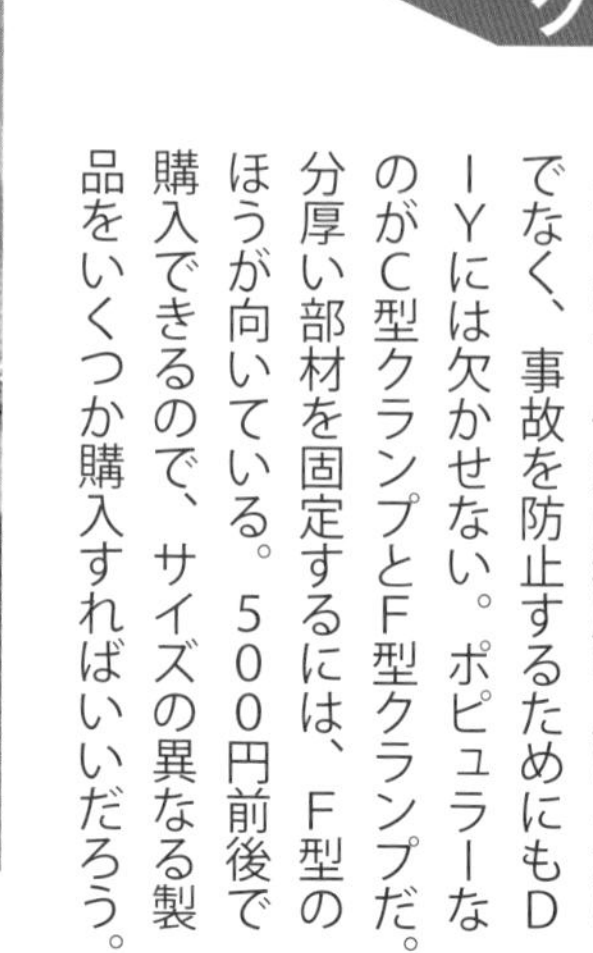

正確な作業をするために DIYスタートから用意

部材をがっちりと作業台に固定する工具だ。作業の精度を上げるだけでなく、事故を防止するためにもDIYには欠かせない。ポピュラーなのがC型クランプとF型クランプだ。分厚い部材を固定するには、F型のほうが向いている。500円前後で購入できるので、サイズの異なる製品をいくつか購入すればいいだろう。

材の厚みや幅に合わせ、ベストなサイズを選んで使う

罫引（けびき）

定規なしで手軽に平行線 正確な墨付けを実現する

定規板と可動式の棹（さお）からなる。材の基準面に沿って定規板を滑らせると、棹の先に取りつけた刃で、基準面と平行な線がつけられる。定規で墨線を描くよりも手軽にして正確。一度使うと手放せなくなる。ホゾ穴の墨付けに便利な、刃を二枚設けたタイプも。複数の部材に同じ幅の墨付けをしたい場合にも活躍する。

右側が二枚の刃を持つタイプで、左は一枚刃のタイプ

小刀（こがたな）

面取りから材の切断まで 一本あれば何かと便利だ

部材の細かな面取りや、ちょっとした部分のカットなど、小刀があると何かと重宝する。小刀にも切出し小刀と剞（く）り小刀の2タイプがある。刃幅が広いのが切出し小刀だ。剞り小刀は鋭角な刃が柄の根本までついている。最近では小刀のコレクターが増えたせいか、名の通った製品はかなり高額で取引される。

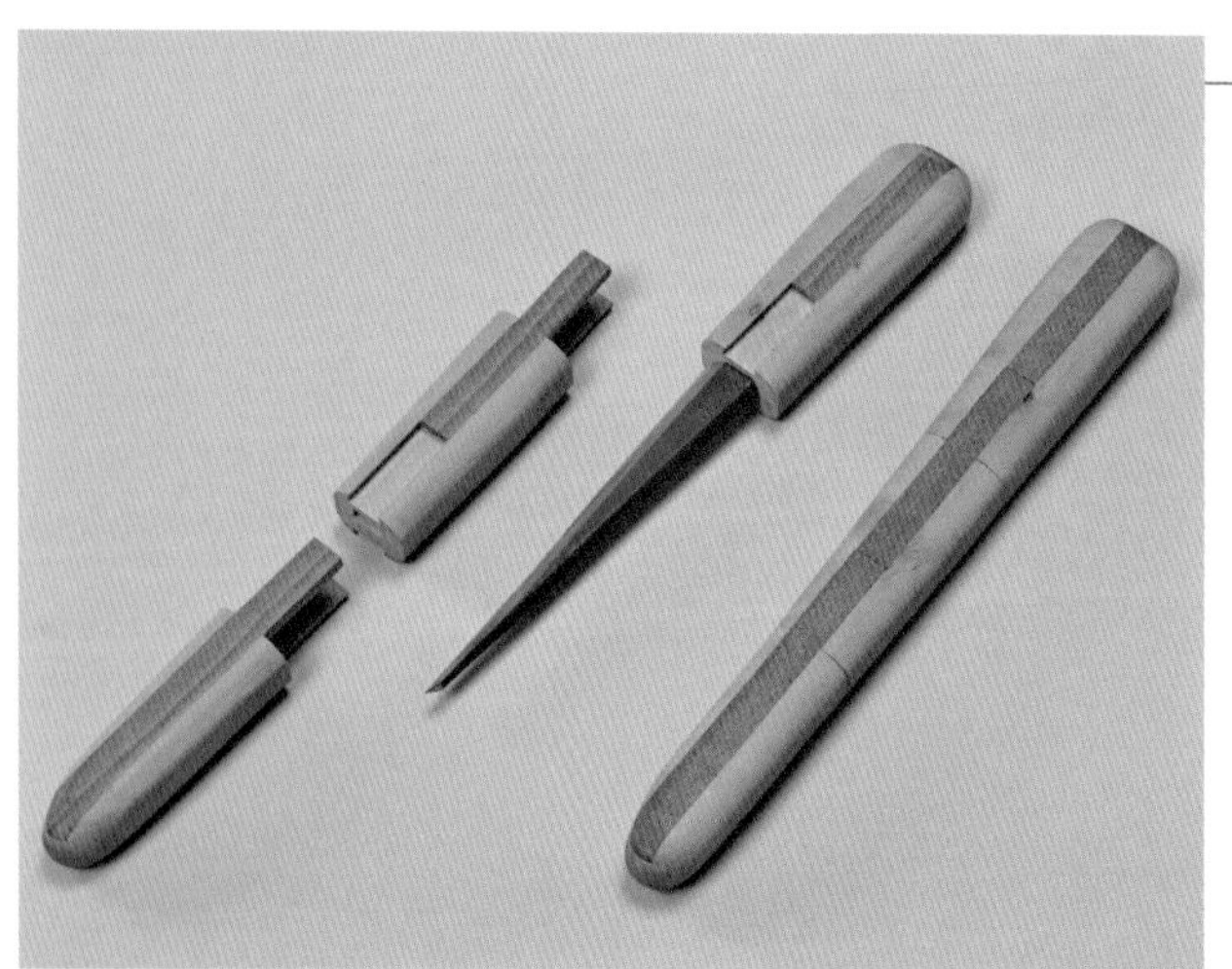

箱根細工のような複雑な柄と鞘（さや）をつけた工匠常陸の自作小刀

おさ定規

おさじょうぎ

多数の竹ひごでつくった曲面を写すための定規

丸太の曲面の形状を写し取るときに使う特殊な定規。曲面の凹凸まで拾えるので、数寄屋造など高度な建築には欠かせない。一般的なDIYには無縁だが、大がかりな造作にトライしようと考えている人は、こんな道具もあるのだと頭の隅に入れておこう。写真は工匠常陸の自作品で、竹ひごを500本以上使って製作。

左が写し取る前の状態で、右は曲線を写し取った後の状態

ケガキゲージ

現代版のハイテク「罫引」ノギス機能も併せ持つ

ステンレス製のT字型定規を二枚重ねた形状をしている。比較的最近に登場した工具で、罫引と同様、部材の基準面と平行に正確な墨付けができる。加えてノギスとしても使え、T字型定規をスライドさせ、高い精度で部材の厚みや溝幅が測定可能だ。値段もそれなりに高く、1万円台と罫引とは一桁違うプライス。

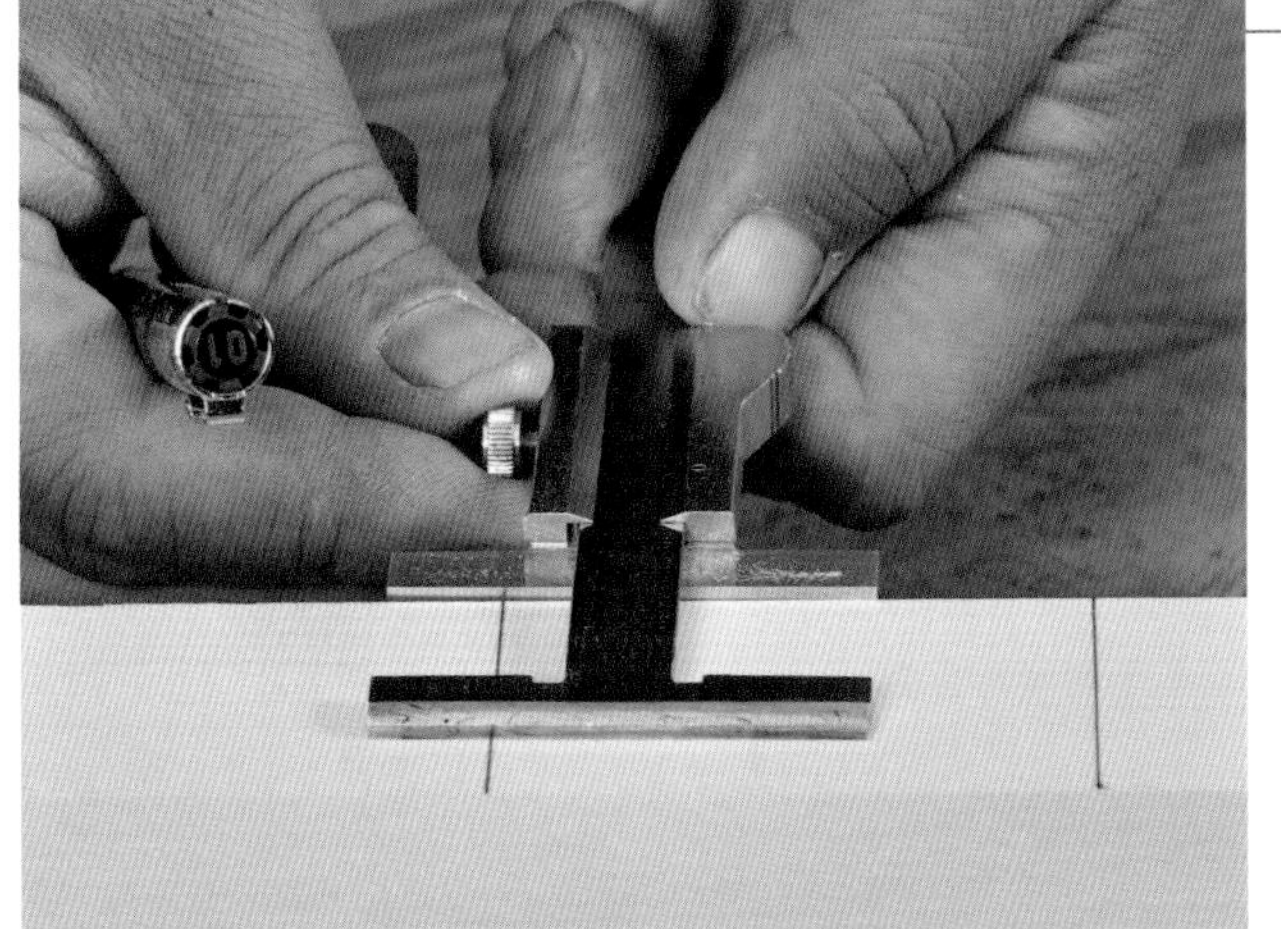

部材の基準面に片方のT字型定規を引っかけ墨付けを行う

治具

じぐ

道具や材料などを固定し作業の効率化に貢献する

治具とは英語のJIG（工具の位置合わせ、案内機能）を漢字化したものだという。作業台や部材の滑り止め、各種の自作定規なども治具に含まれる。基本的に自作が前提だが、どうすれば安全かつ効率的に作業が進められるか。それを考えるところからアイディアは生まれる。治具製作もDIYの楽しみの一つだ。

作業の効率化を図って工匠常陸が自作した木製定規の数々

●協力
竹中大工道具館
日本で唯一の大工道具に関する本格的な博物館。３万点を超える手道具を収蔵するとともに、鉋や鑿、鋸ほか各アイテムの変遷の歴史や、それらを製作した名工たちの偉大な足跡まで、館内展示で詳細に紹介している。大工手道具を日本の貴重な文化として捉え、消費されるだけだった手道具にスポットライトをあてている。建築史に別の角度から切り込む卓見といえる。山陽新幹線・新神戸駅のすぐ前にあり、大手ゼネコンの竹中工務店が創設した。

● 企画・編集　スタジオパラム

● Director　清水信次
● Writer & Editor　山本　明
小田慎一
島上絹子
● Camera　市川文雄、迫田真実
● Illustration　まえだゆかり
● Design　スタジオパラム

● Special Thanks
株式会社 工匠常陸、株式会社　常三郎、オーク製作所、土田刃物店

大工道具のきほん　使い方からメンテナンスまで
木工手道具の知識と技術が身につく

2023年6月30日　第1版・第1刷発行

著　者　「大工道具のきほん」編集室
（だいくどうぐのきほんへんしゅうしつ）
協　力　公益財団法人 竹中大工道具館
（こうえきざいだんほうじん たけなかだいくどうぐかん）
発行者　株式会社メイツユニバーサルコンテンツ
代表者　大羽　孝志
〒102-0093 東京都千代田区平河町一丁目1-8
印　刷　シナノ印刷株式会社

◎『メイツ出版』は当社の商標です。

ご意見・ご感想はホームページから承っております。
ウェブサイト　https://www.mates-publishing.co.jp/

編集長：堀明研斗　企画担当：堀明研斗